全国高等职业教育技能型紧缺人才培养培训推荐教材

建筑装饰工程项目管理

（建筑装饰工程技术专业）

本教材编审委员会组织编写

主编　韩　江
主审　马小良

中国建筑工业出版社

图书在版编目（CIP）数据

建筑装饰工程项目管理/韩江主编.—北京：中国建
筑工业出版社，2005（2022.2重印）
全国高等职业教育技能型紧缺人才培养培训推荐教
材.建筑装饰工程技术专业
ISBN 978-7-112-07182-1

Ⅰ.建… Ⅱ.韩… Ⅲ.建筑装饰-建筑工程-项目
管理-高等学校：技术学校-教材 Ⅳ.TU767

中国版本图书馆CIP数据核字（2005）第059281号

全国高等职业教育技能型紧缺人才培养培训推荐教材
建筑装饰工程项目管理
（建筑装饰工程技术专业）
本教材编审委员会组织编写
主编 韩 江
主审 马小良

*

中国建筑工业出版社出版、发行(北京西郊百万庄)
各地新华书店、建筑书店经销
北京建筑工业印刷厂印刷

*

开本：787×1092毫米 1/16 印张：9½ 字数：230千字
2005年8月第一版 2022年2月第十次印刷
定价：24.00元
ISBN 978-7-112-07182-1
（37413）

本书按照国家教育部、建设部颁布的对高等职业学校建筑装饰装修专业领域技能型紧缺人才培养培训指导方案的要求进行编写，在教材编写上打破传统学科体系，采用案例教学法，即针对装饰专业的特点，围绕装饰施工工程项目的各环节，将全部内容分为两大部分。第一部分，按项目管理的学习规律，安排各单元内容，包括项目管理概论、项目招投标、项目管理组织机构、项目合同管理、项目质量控制、项目进度控制、项目成本控制、施工要素管理、安全管理、技术档案管理、工程建设监理制度等内容。第二部分，每一单元后又紧扣理论知识设置相应案例，旨在帮助读者通过案例练习，理解和掌握相关知识，达到熟练运用的目的。

本书既适用于建设行业技能型紧缺人才培养培训工程高职建筑装饰工程技术专业的学生使用，同时也可作为相应专业岗位培训教材。

*　　*　　*

责任编辑：朱首明　陈　桦
责任设计：郑秋菊
责任校对：孙　爽　刘　梅

本教材编审委员会

主 任 委 员：张其光

副主任委员：杜国城　陈　付　沈元勤

委　　　员：（按姓氏笔画为序）

马小良　马松雯　王　萧　冯美宇　江向东　孙亚峰

朱首明　陆化来　李成贞　李　宏　范庆国　武佩牛

钟　建　赵　研　高　远　袁建新　徐　辉　诸葛棠

韩　江　董　静　魏鸿汉

序

改革开放以来，我国建筑业蓬勃发展，已成为国民经济的支柱产业。随着城市化进程的加快、建筑领域的科技进步、市场竞争的日趋激烈，急需大批建筑技术人才。人才紧缺已成为制约建筑业全面协调可持续发展的严重障碍。

面对我国建筑业发展的新形势，为深入贯彻落实《中共中央、国务院关于进一步加强人才工作的决定》精神，2004年10月，教育部、建设部联合印发了《关于实施职业院校建设行业技能型紧缺人才培养培训工程的通知》，确定在建筑施工、建筑装饰、建筑设备和建筑智能化等四个专业领域实施技能型紧缺人才培养培训工程，全国有71所高等职业技术学院、94所中等职业学校、702个主要合作企业被列为示范性培养培训基地，通过构建校企合作培养培训人才的机制，优化教学与实训过程，探索新的办学模式。这项培养培训工程的实施，充分体现了教育部、建设部大力推进职业教育改革和发展的办学理念，有利于职业院校从建设行业人才市场的实际需要出发，以素质为基础，以能力为本位，以就业为导向，加快培养建设行业一线迫切需要的高技能人才。

为配合技能型紧缺人才培养培训工程的实施，满足教学急需，中国建筑工业出版社在跟踪"高等职业教育建设行业技能型紧缺人才培养培训指导方案"编审过程中，广泛征求有关专家对配套教材建设的意见，组织了一大批具有丰富实践经验和教学经验的专家和骨干教师，编写了高等职业教育技能型紧缺人才培养培训"建筑工程技术"、"建筑装饰工程技术"、"建筑设备工程技术"、"楼宇智能化工程技术"4个专业的系列教材。我们希望这4个专业的系列教材对有关院校实施技能型紧缺人才的培养培训具有一定的指导作用。同时，也希望各院校在实施技能型紧缺人才培养培训工作中，有何意见和建议及时反馈给我们。

建设部人事教育司

2005年5月30日

前　言

建筑装饰工程项目管理是装饰专业的主要职业技术课程之一，其研究对象是建筑装饰工程项目管理的原理和方法。本教材是以建筑装饰工程项目为对象，以《建设工程项目管理规范》（GB/50326—2001）为基础，以作为承包方的建筑装饰施工企业的项目管理为核心来进行论述的。

为满足社会对高职类学生的要求，针对高职类学校教学周期短、教学内容较多的特点，本教材在编写时采用了案例形式，即以建筑装饰工程项目周期为主线，围绕建筑装饰工程项目管理的各环节，依次介绍了建筑装饰工程项目概论、招投标管理、组织机构管理、合同管理、质量控制、进度控制、成本控制、生产要素管理、安全管理、信息管理、文档管理、索赔与反索赔以及建设监理等方面的理论知识。每一部分内容后面都紧扣案例，提出与理论相关的问题，要求学生应用所学知识拟订解决方案，达到相应的技能要求。同时在内容安排上又留有余地，给学生充分的创造想象空间，以锻炼其创新能力。

本书作为二年制装饰专业学习的教材，也可作为相关专业及各项培训教材，以及建筑装饰工程技术人员的参考用书。

本书由韩江主编，郭平、郝丽蓉、任松寿参加编写。各单元分工如下：韩江编写第1、7、8、9单元；郭平编写第6、10单元；郝丽蓉编写第2、3、4单元；任松寿编写第5、11单元。在此并对天津建工集团马小良主审表示衷心的感谢。

建筑装饰工程项目管理是一门发展中的学科，需要在实践中不断地丰富和完善。由于本书编写时间仓促及编者的水平所限，缺点、错误在所难免，恳请读者批评指正，编者不胜感激。

编者

2005 年 5 月

目　　录

单元1　装饰装修工程项目管理概论 ·· 1
　　课题1　装饰装修工程项目管理的基本理论 ···································· 1
　　课题2　装饰装修工程项目管理规划 ·· 5
　　实训课题 ·· 8
　　思考题与习题 ·· 9
单元2　装饰装修工程项目招投标 ·· 10
　　课题1　装饰装修工程项目招投标基本理论 ································· 10
　　课题2　装饰装修工程项目招标 ··· 11
　　课题3　装饰装修工程项目投标 ··· 15
　　实训课题 ··· 20
　　思考题与习题 ··· 20
单元3　装饰装修工程项目管理组织机构 ··· 21
　　课题1　装饰装修工程项目管理组织概述 ···································· 21
　　课题2　装饰装修工程项目管理组织形式 ···································· 24
　　课题3　装饰装修工程项目经理部 ·· 27
　　实训课题 ··· 32
　　思考题与习题 ··· 32
单元4　装饰装修工程项目合同管理 ··· 33
　　课题1　装饰装修工程项目合同管理概述 ···································· 33
　　课题2　装饰装修工程项目合同的订立 ······································ 35
　　课题3　装饰装修工程项目合同的履行与变更 ···························· 37
　　课题4　装饰装修工程项目合同纠纷的处理 ································· 39
　　思考题与习题 ··· 40
单元5　装饰装修工程项目质量控制 ··· 41
　　课题1　装饰装修工程项目质量管理概述 ···································· 41
　　课题2　装饰装修工程项目质量管理体系 ···································· 47
　　课题3　装饰装修工程项目质量控制实施 ···································· 54
　　课题4　装饰装修工程项目质量验收标准 ···································· 61
　　课题5　装饰装修工程项目质量验收实例 ···································· 66
　　实训课题 ··· 68
　　思考题与习题 ··· 68
单元6　装饰装修工程项目进度控制 ··· 70
　　课题1　装饰装修工程项目进度控制概述 ···································· 70

　　课题 2　装饰装修工程项目进度计划的编制 ································ 71

　　课题 3　装饰装修工程项目进度计划的实施 ································ 75

　　课题 4　装饰装修工程项目进度计划的监控 ································ 76

　　课题 5　装饰装修工程项目进度计划的调整 ································ 82

　　实训课题 ·· 85

　　思考题与习题 ·· 85

单元 7　装饰装修工程项目成本控制 ·· 86

　　课题 1　装饰装修工程项目成本控制的基本理论 ···························· 86

　　课题 2　价值工程在成本控制中的应用 ·································· 93

　　课题 3　装饰装修工程项目降低成本的措施 ································ 97

　　实训课题 ·· 100

　　思考题与习题 ·· 100

单元 8　装饰装修工程项目生产要素管理 ···································· 101

　　课题 1　装饰装修工程项目生产要素管理概述 ······························ 101

　　课题 2　装饰装修工程项目生产要素管理的内容 ···························· 102

　　课题 3　模拟市场运作规律与管理方法 ·································· 107

　　实训课题 ·· 109

　　思考题与习题 ·· 109

单元 9　装饰装修工程项目安全管理、信息管理及文档管理 ······················ 110

　　课题 1　装饰装修工程项目安全管理 ···································· 110

　　课题 2　装饰装修工程项目信息管理 ···································· 114

　　课题 3　装饰装修工程项目文档管理 ···································· 119

　　实训课题 ·· 120

　　思考题与习题 ·· 120

单元 10　装饰装修工程项目索赔与反索赔 ···································· 121

　　课题 1　装饰装修工程项目索赔与反索赔的基本理论 ························ 121

　　课题 2　装饰装修工程项目索赔的处理 ·································· 124

　　课题 3　装饰装修工程项目反索赔 ······································ 128

　　课题 4　费用索赔和工期索赔的计算 ···································· 130

　　实训课题 ·· 132

　　思考题与习题 ·· 133

单元 11　装饰装修工程项目建设监理 ·· 134

　　课题 1　装饰装修工程项目建设监理概述 ································ 134

　　课题 2　装饰装修工程项目建设监理的依据和内容 ·························· 137

　　课题 3　装饰装修工程项目建设监理的具体实施 ···························· 139

　　实训课题 ·· 141

　　思考题与习题 ·· 141

参考文献 ·· 143

单元 1　装饰装修工程项目管理概论

　　知　识　点：装饰装修工程项目，装饰装修工程项目管理的概念、内容、程序、方法，项目管理规划。

　　教学目标：通过学习，要求掌握装饰装修工程项目及项目管理的基本概念，明确装饰装修工程项目管理的内容、程序、知识体系，了解项目管理规划的内容，为以后各部分内容的学习奠定基础。

课题 1　装饰装修工程项目管理的基本理论

1.1　装饰装修工程项目的基本理论

1.1.1　装饰装修工程项目的概念及其特征

（1）装饰装修工程项目的概念

　　作为项目管理对象的"项目"是由一组有起止时间的、相互协调的受控活动所组成的特定过程，该过程要达到符合规定要求的目标，包括时间、成本和资源的约束条件。项目的概念包含以下几层含义：它有一个明确的目标，包括数量、功能和质量标准；有一个规定的时间限制和费用限制；它有一定的约束条件；它是一次性的任务。

　　在社会生活中，项目的概念已经渗入到社会的各个领域，研制一项设备、完成一项科研课题、建设一个住宅小区、修建一座电站等都是一个项目，都是在一定的条件限制下的一次性的任务，装饰装修工程就具有典型的项目特征，因而也是项目管理的对象。

　　装饰装修工程项目是指自装饰装修工程项目投标开始到保修期满为止的全过程中完成的项目，即装饰装修企业在一定工期内，一定预算条件下对装饰装修产品进行的要求达到一定的质量水平并满足一定功用需求的一次性活动。需要说明的是，装饰装修工程项目可能是以整个项目为过程的产出物，也可能是产出其中的一个单项工程或单位工程。过程的起点是投标，终点是保修期满。

　　（2）装饰装修工程项目的特征

　　1）一次性。这是装饰装修工程项目最主要的特征，又称单件性或一次性。它是指装饰装修工程项目活动的过程是不可逆的，活动的结果是不可重复的。任何装饰装修工程项目都有自己的任务内容，完成的过程和最终的成果，不会完全相同。不同使用功能的装饰装修工程项目，即使使用功能相同，因其地理位置、外部环境、外观造型、内部结构、材料选用等的不同，结果也会不同。由于装饰装修工程项目的一次性，决定了其不可重复性。认识到这一点，才能有针对性地根据项目的不同情况和特殊要求进行有效的科学的管理，以保证项目的一次成功。

　　2）项目具有明确的目标和一定的约束条件。任何一个装饰装修工程项目都有其特定的目标，这就是每个装饰装修工程项目的完成都要满足特定的功用要求并符合具体质量认证体系的认可。实现目标所投入的资源、完成项目所需的时间、投入的资金等会有一定的限制，这些限制就是约束条件。装饰装修工程项目的约束条件包括：一是时间约束，即一个装饰装修工程项目有合理的工期目标；二是资源约束，即一个装饰装修工程项目有一定的投资总量目标；三是质量约束，即一个装饰装修工程项目有预期的功能要求，技术水平或使用效益目标。只有满足约束条件才能成功，因而约束条件是项目目标完成的前提，但装饰装修工程项目的目标并不是一成不变的，它可能会因为种种原因在目标实现的过程中发生变化，与之相应地，项目的约束条件也应随着其目标的改变而改变。但改变后的装饰装修工程项目仍需要具有明确的目标和约束条件，目标不明确的过程不能称作"项目"。

3）项目具有特定的生命周期。装饰装修工程项目是一个有起点和有终结的活动，有其发生、发展和结束的过程，即一个装饰装修工程项目有其完整的生产周期。生产周期一般划分为项目的决策、实施和使用三个阶段，其中决策阶段包括编制项目建议书、编制可行性研究报告两个过程；项目实施阶段包括设计、施工、动工前的准备三个过程；使用阶段包括项目后评价、保修两个过程，以保修期结束为终结。项目的阶段性决定了项目管理是将项目作为一个系统进行全过程的管理和控制，是对整个项目生产周期的系统管理。但在管理过程中，同时必须要抓住重点环节，抓紧对重要部位的管理，才能很好地完成项目管理的工作。

4）项目作为管理对象的整体性。一个装饰装修工程项目中的一切活动都是相关的，这些相关活动共同构成一个整体，这就决定了项目作为管理对象的整体性。整体管理是不能割裂的，必须按整体需要配置生产要素，以整体效益提高为标准，进行装饰装修工程数量、质量和结构的总体优化，而不能以材料、人工、时间、资金或质量单个目标进行生产要素的调节和分配。由于项目的内外部环境是变化的，所以管理和生产要素的配置是动态的。

5）项目的不可逆性。装饰装修工程项目按照一定的程序进行，其过程不可逆转，因而项目的风险很大，这与批量生产有着本质的区别。

1.1.2 装饰装修工程项目管理的概念和职能

（1）工程项目管理和装饰装修工程项目管理的概念

工程项目管理是为了使整个项目实现要求的质量、时限、所核定的费用等项目目标所进行的全过程、全方位的对项目的策划（规划、计划）、组织、控制、协调、监督等活动过程的总称。其实质是运用系统工程的观点、理论和方法，对此工程项目进行全过程和全方位的管理，以实现工程项目的最终目标。

装饰装修工程项目管理属于工程项目管理的一大类，是指在装饰装修工程项目的生产周期内，用系统工程的理论、观点和方法，进行有效地决策、规划、组织、控制、协调、监督等系统性的、科学的管理活动，从而按工程项目既定的质量要求、工期时间、投资总额、资源限制和环境条件，圆满地实现装饰装修工程项目的目标。其内涵是：自装饰装修工程项目开始至项目完成，通过项目策划和项目控制，以使装饰装修工程项目的费用目标、进度目标和质量目标得以实现。装饰装修工程项目管理的主体是以装饰装修工程项目经理为首的项目经理部，即作业管理层，管理的客体是具体的施工对象、施工活动及相关的生产要素。项目管理的核心任务是项目的目标控制，没有明确目标的装饰装修工程不是项目管理的对象。

（2）装饰装修工程项目管理的职能

同所有管理的职能一样，装饰装修工程项目管理具有以下职能：

1）策划职能。策划是把建设意图转换成定义明确、系统清晰、目标具体、活动科学、过程有效的、富有战略性和策略性思路的、高智能的系统活动，策划的结果是其他各阶段活动的总纲。

2）决策职能。决策是工程项目管理者在装饰装修工程项目策划的基础上，通过进行调查研究、比较分析、论证评估等活动，对项目有关的重大问题得出结论性意见，并付诸实施的过程。装饰装修工程项目的每一个阶段的启动都需要决策，只有作出正确的决策以后的启动，才有可能成功。前期决策对设计阶段、施工阶段及项目竣工后的使用都会产生重要的影响。

3）计划职能。计划是根据决策作出实施安排，设计出控制目标和实现目标的措施的活动。计划的职能决定项目的实施步骤、搭接关系、起止时间、持续时间、中间目标、最终目标及措施。它是目标控制的依据和方向，在项目管理中要把项目全过程、全部目标和全部活动都纳入计划轨道，用一个动态的计划系统来协调控制整个项目，以便提前暴露矛盾，使项目协调有序地达到预期目标。

4）组织职能。组织是通过建立以项目经理为中心的组织保证系统来实现的。只有给这个系统确定职责，授予权力，实现合同制，健全规章制度，并进行有效运转，才能确保系统的正常运转。

5）协调职能。协调是及时调整解决各个过程、各个环节和各职能部门之间的矛盾，排除障碍，确保系统的正常运转。在各种协调中，以人际关系的协调最为重要，项目经理在人际关系的协调中处于核心地位。

6）控制职能。控制是项目主要目标实现的保证手段，它是通过信息反馈系统，对进度目标、质量目标、费用目标及其他目标和实际完成情况及时进行对比，发现问题，立即采取措施加以解决，纠正偏差，来确保目标的实现。项目的控制目标是以投资、工期和质量为中心的。

1.1.3 装饰装修工程项目管理的内容和程序

（1）装饰装修工程项目管理的内容

装饰装修工程项目的建设和任何工程项目建设一样，都按一定的阶段、步骤和程序逐步展开，都要在一定的时间和空间范围内展开。装饰装修工程项目是一个整体，其管理工作千头万绪，十分繁杂，但归纳起来，其主要内容是安全管理、成本管理、进度控制、质量控制、合同管理、信息管理以及与施工相关的组织和协调。从装饰装修企业的角度来说，其管理内容主要包括以下几个方面：

1）建立装饰装修工程项目管理组织。企业采用适当的方式选聘装饰装修工程项目经理；根据项目的组织原则，选用适当的组织形式，组建项目管理机构，明确责任、权限和义务；在遵守装饰装修企业规章制度的前提下，根据装饰装修工程项目管理的需要，制定项目管理制度。

2）编制装饰装修工程项目管理规划。装饰装修工程项目管理规划是对装饰装修工程项目管理目标、组织、内容、方法、步骤，重点进行预测和决策，作出具体安排的纲领性文件。其主要内容有：进行装饰装修工程项目分解，形成施工对象分解体系，以便确定阶段控制目标，从局部到整体地进行施工活动和项目管理；建立项目管理工作体系，绘制项目管理工作体系图和项目管理工作信息流程图；编制项目管理规划，确定管理点，形成文件，以利执行。现阶段这个文件以施工组织设计代替。

3）进行装饰装修工程项目的目标控制。装饰装修工程项目的目标有阶段性目标和最终目标，实现各项目标是装饰装修工程项目管理的目的所在。具体地说，装饰装修工程项目的控制目标包括进度控制目标、质量控制目标、成本控制目标和安全控制目标。由于在项目目标的实现过程中，会不断受到各种客观因素的干扰，各种风险有随时发生的可能，故应坚持以控制论的原理和理论为指导，通过组织协调和风险管理，对装饰装修工程项目目标进行动态控制。

4）进行装饰装修工程项目的合同管理。从招标投标开始，加强对工程合同的签订、履行和管理。与业主和分包商及设备材料供应商签定合同，并检查合同的执行情况。合同管理是一项执法守法活动，由于装饰装修工程项目有国内和国际市场，因此合同管理势必涉及到国内和国际上有关法规和合同条件，在合同管理中应高度重视。为了取得经济效益，还必须搞好索赔，讲究方法和技巧，提供充分的证据。

5）对装饰装修工程项目现场的生产要素进行优化配置和动态管理。项目的生产要素是项目目标得以实现的保证。主要包括人力资源、材料、设备、资金和技术。生产要素管理要求分析各项生产要素的特点，按照一定的原则和方法对项目生产要素进行优化配置，并对配置状况进行评价，对装饰装修工型项目的各项生产要素进行动态管理。

6）进行装饰装修工程项目的信息管理。管理现代化要依靠信息。装饰装修工程项目管理是一项复杂的现代化管理活动，更要依靠大量信息及对大量信息进行管理，而信息管理又要依靠计算机进行辅助。所以，进行装饰装修工程项目管理必须进行信息管理，并应用计算机进行辅助。要特别注意收集和储存项目实施过程中的各种信息数据，使本项目的经验和教训得到记录和保留，为以后的项目管理服务。故应认真记录总结，并建立档案及保管制度。

7）组织协调。在装饰装修工程项目管理过程中，由于条件和环境的变化，必然会形成不同程度的干扰，使计划的实施产生困难，这就必须协调，即以一定的组织形式、方法和手段，对项目管理产生的关系进行疏导，对产生的干扰予以排除。被组织协调的"关系"有三种：一是企业内部关系，这是一种行政关系；二是近外层关系，指由合同形成的关系；三是远层关系，是由法律和社会公德确定的在项目管理中产生的关系，如企业与政府监督部门之间的关系等。

组织协调的内容包括人际关系、组织机构之间的关系、供求关系、协作配合关系等，当这些关系因产生干扰而不畅时，便需要进行有效的组织协调。

（2）装饰装修工程项目管理的程序

装饰装修工程项目管理的各种职能及各管理部门在项目过程中形成的联系，有工作过程的联系，也有信息联系，这些联系构成了一个项目管理的整体，同时也是项目管理工作的基本逻辑关系。

装饰装修工程项目管理的程序为：

1）装饰装修工程企业从经营战略的高度作出是否投标、争取承包该项目的决策；

2）决定投标后，从各方面收集、掌握有关的信息；

3）编制装饰装修工程项目管理规划大纲，编制投标书进行投标；

4）如果中标，则与招标方进行谈判，依法签订装饰装修工程施工合同；

5）选定装饰装修工程项目经理；

6）项目经理接受企业法定代表人的委托组建项目经理部；

7）企业法定代表人与项目经理签订项目管理目标责任书；

8）项目经理部编制项目管理实施规划；

9）进行项目开工前的准备；

10）装饰装修工程项目施工期间按项目管理实施规划进行管理，进行竣工结算，清理各种债权债务，移交资料和工程；

11）进行经济分析，作出项目管理总结报告并送交企业管理层有关部门；

12）企业管理层组织考核委员会对项目管理工作进行考核评价并兑现项目管理目标责任书中的奖罚和承诺；

13）项目经理部解体；

14）在保修期满前，企业管理层根据工程质量保修书和相关约定进行装饰装修工程项目回访和保修。

课题 2 装饰装修工程项目管理规划

2.1 装饰装修工程项目管理规划

2.1.1 装饰装修工程项目管理规划的内容

规划是指一项综合性的、完整的、全面的总体计划。它包括目标政策程序、任务的分配、采取的步骤、使用的资源及完成既定行动所需要的其他因素。

装饰装修工程项目管理规划是装饰装修工程项目管理的首要内容，是对装饰装修工程项目管理的各项工作进行综合性的、完整的、全面的总体计划。其作用是：作为编制投标文件的战略指导与依据；在投标、合同谈判和签订合同中贯彻执行；作为中标后编制装饰装修工程项目管理实施规划的依据。主要内容包括：装饰装修工程项目管理目标的研究和目标的细化；项目的范围和项目的结构分解；项目管理实施组织策略的制定；项目管理的工作程序；项目组织和任务的分配；项目管理所采用的步骤、方法；项目管理所需资源的安排和其他问题的确定等。

装饰装修工程项目管理规划包括两类文件：装饰装修工程项目管理规划大纲和装饰装修工程项目管理实施规划。

（1）装饰装修工程项目管理规划大纲的内容

装饰装修工程项目管理规划大纲是由企业管理层在投标之前编制的作为投标依据、满足招标文件要求及签订合同要求的文件，它是编制装饰装修工程项目管理实施规划的依据。

编制依据包括：招标文件及发包人对招标文件的解释，企业管理层对招标文件的分析研究结果，工程现场情况，发包人提供的信息和资料，有关市场信息，企业法定代表人的投标决策意见。

主要内容有：

1）项目概况，主要是对项目规模的描述和承包范围的描述。

包括：装饰装修工程项目产品的构成、特征、使用功能、规模、投资额、建设意义等。

2）项目实施条件分析，主要是针对招标文件的要求分析上述条件对竞争及项目管理的影响。

包括：合同条件、现场条件、法规条件及相关市场、自然和社会条件等。

3）项目管理的目标，包括：质量、成本、工期和安全的总目标及其分解的子目标；合同要求的目标；承包人自己对项目的规划目标；企业对项目的要求，如企业形象、对合同目标的调整要求等。

4）项目组织结构，包括：拟选派的项目经理、拟建立的项目经理部的主要成员、部门设置和人员数量等。

5）质量目标和施工方案，包括：招标文件（或发包人）要求的质量目标及其分解，保证质量目标实现的主要技术组织措施，重点单位工程或重点分部工程的施工方案，包括工程施工程序和流向，拟采用的施工方法，新技术、新工艺，拟选用的主要机械设备，劳动组织与管理措施等。

6）工期目标和施工总进度计划，包括：招标文件（或发包人）的总工期目标及其分解，主要施工活动的进度计划安排，施工进度计划表，保证进度目标实现的措施等。

7）成本目标，包括：总成本目标和总造价目标，主要成本项目及成本目标的分解，人工及主要材料用量，保证成本目标实现的技术措施等。

8）项目风险预测和安全目标，包括：根据工程的实际情况对装饰装修工程项目的主要风险因素作出预测，相应的对策措施，风险管理的主要原则，安全责任目标，施工过程中的主要不安全因素，安全技术组织措施等。

9）项目现场管理和施工平面图，包括：装饰装修工程项目现场管理目标和管理原则，项目现场管理主要技术组织措施，承包人对现场安全、卫生、文明施工、环境保护、施工用地和平面布置方案等的规划安排，施工现场平面特点，施工现场平面布置原则，施工平面图及其说明。

10）投标和签订施工合同，包括：投标和签订施工合同的总体策略，工作原则，投标小组的组成，签订合同谈判组成员，谈判安排，投标和签订施工合同的总体计划安排等。

11）文明施工及环境保护，包括：根据招标文件的要求和现场的具体情况，考虑企业的可能性和竞争的需要，对发包人作出现场文明施工及环境保护方面的承诺等。

（2）装饰装修工程项目管理实施规划的内容，装饰装修工程项目管理实施规划是在开工前由项目经理主持编制的，目的是指导装饰装修工程项目实施阶段管理的文件。实施规划是依据规划大纲进行编制的，并贯彻大纲的相关精神，对大纲确定的目标和决策，作出更具体的安排，以指导实施阶段的项目管理。编制的依据主要有：项目管理规划大纲、项目管理目标责任书、施工合同。

主要内容有：

1）工程概况，包括：工程特点；建设地点特征；施工条件；项目管理的特点；总体要求等。

2）施工布置，包括：该项目的质量、进度、成本及安全总目标；施工程序；项目管理总体安排，即组织、拟定制度、控制、协调、总结分析与考核；拟投入的最高人数和平均人数；分包规划；劳动力吸纳规划；材料供应规划；设备供应规划等。

3）施工方案，包括：施工流向和施工程序；施工段划分；施工方法和机械设备的选择；安全施工设计等。

4）施工进度计划。

5）资源供应计划，包括：劳动力供应计划；主要材料供应计划；机械设备供应计划；大型工具、器具供应计划等。编制的每种计划应明确分类、数量和需用时间。

6）施工准备工作计划，包括：施工准备工作组织及时间安排；技术准备；施工现场准备；作业队伍和管理人员的组织准备；物资准备；资金准备等。

7）施工平面图，包括：施工平面图说明（包括设计依据、设计说明、使用说明）；施工设施及图例；施工平面图管理规划等。

8）施工组织措施计划，包括：保证进度目标的措施；保证质量目标的措施；保证安全目标的措施；保证成本目标的措施；保护环境的措施；文明施工措施等。

9）项目风险管理，包括：风险因素识别一览表；风险可能出现的概率及损失值估计；风险管理重点；风险防范对策；风险管理责任等。

10）技术经济指标的计算与分析，分为三步：第一步，根据所编制的项目管理实施规划，列出以下规划指标：总工期；分部工程及单位工程达到的质量标准；总造价和总成本，单位工程造价和成本，成本降低率；总用工量，平均人数，高峰人数；主要材料消耗量及节约量；主要大型机械设备使用数量、台班量及利用率。第二步，对以上指标的水平高低作出分析和评价。第三步，针对实施难点提出对策。

2.1.2 装饰装修工程项目管理规划的管理

（1）装饰装修工程项目管理实施规划在编制过程中应定期听取相关部门的意见，如需要应会同这些部门共同参与编写，编写完成后应报送这些部门。这是装饰装修工程项目管理实施规划实用性的保证。

（2）承包人盖章后要交总监理工程师认可。如有不同意见可协商后由项目经理主持修改。

（3）装饰装修工程项目管理规划大纲编制完成后应向承包人的投标小组的各方面人员交底，装饰装修工程项目管理实施规划编制完成后应分发给项目经理部的各职能部门、承包人的各工程小组、承包人的分包人、供应人，并向他们交底，对其中的内容作出解释。

（4）在执行中应进行检查和协调，及时根据情况变化调整和修改项目管理规划的内容。调整或修改范围，应由企业权力部门批准。

（5）与装饰装修工程项目管理实施规划的编制相适应，应制定相应的检查规定和奖罚标准，制定检查办法、协调办法、考核办法、奖惩办法。

（6）装饰装修工程项目管理结束后，必须对项目管理实施规划的编制、执行的经验、教训和问题作出全面的总结、分析和评价，应有书面的总结报告，连同规划文件一同作为企业的档案予以保存。在以后的装饰装修工程项目管理中应有效地利用这些资料，使企业的项目管理工作能够持续地改进。

实 训 课 题

【案例】 某装饰装修施工企业于200×年×月承建了一项装饰装修工程项目，拟进行装饰装修施工，有关情况介绍如下：

一、工程概况

工程名称：某市统计局办公楼二次装饰工程

工程地点：某市江南路

装修面积：2500m²

总投资造价：52万元

工期要求：3个月

该工程一层为大厅、值班收发室、卫生间；二、三层为办公室并配有卫生间；四层有办公室，财务室，大、小会议室，大会议室配有中央空调；五层为办公室和阅览室。装饰装修档次要求为中档，风格要求雅致，颜色搭配协调，造型简洁。

主要装饰装修工艺内容如下：

地面：花岗石、800mm×800mm地砖、600mm×600mm抛光砖，卫生间为300mm×300mm防滑地砖。

墙面：乳胶漆，铝塑板，局部造型等。

顶棚：烤漆T型龙骨纸面石膏吊顶，局部造型顶棚等。

二、本装饰装修工程项目施工要求严格按《装饰施工工艺操作规程》、《施工验收规范》进行施工和管理，按合同管理要求进行质量、进度、成本管理，并按合同要求履行各项义务，保质、保量、按期完成工程项目。

三、本装饰装修工程项目由某装饰装修施工企业总承包，建设单位将中央空调分包给某空调公司进行安装施工。

要求：装饰装修施工企业根据项目情况全面进行该装饰装修工程项目的管理，具体要求见各单元。

根据案例提供的基本情况，从装饰装修企业的角度，拟订该企业装饰装修工程项目管理实施规划。

要求：1. 所拟规划要进行目标的研究和分解，内容要符合实际、全面、系统、留有余地。

2. 根据需要可自行假设一些基本情况，但要合理、可行。其中一些内容可待后面相关知识学习后再拟订。

3. 所拟规划应包括以下内容：

（1）工程概况描述

具体包括：工程概况、施工部署（该项目的质量、进度、成本及安全目标、实施原则、实施规划的编制依据、本工程的特点）等。

（2）施工项目经理部组织设置

（3）施工方案

具体包括：指导思想、施工段的划分和主要施工流程、拟采用的先进技术和合理化建议、工程主要施工方法和技术措施等。

（4）工程进度安排及保证措施

（5）施工平面图

（6）质量管理体系

具体包括：建立质量管理体系的总体思路、工程质量目标及分解等。

（7）安全管理体系措施

具体包括：施工安全管理措施、安全生产管理组织体系等。

（8）文明和标准化现场

具体包括：目标、要求、创建标准化工地、文明工地的措施等。

（9）本工程施工项目风险管理规划

具体包括：罗列施工过程中可能出现的风险因素、由项目参加者各方产生的主要风险、对主要风险提出防范措施等。

（10）技术经济指标计算与分析

具体包括：进度方面的指标、质量方面的指标、成本方面的指标（总成本、单位工程量成本）、资源消耗方面的指标（总用工量、平均劳动力投入量、高峰人数、主要材料消耗量及节约量、主要机械使用数量及台班量）等。

思 考 题 与 习 题

1. 什么是装饰装修工程项目？其特征有哪些？

2. 什么是装饰装修工程项目管理？装饰装修工程项目管理有哪些职能？

3. 装饰装修工程项目管理的内容有哪些？

4. 装饰装修工程项目管理的程序是怎样的？

5. 装饰装修工程项目管理规划的内容有哪些？

单元 2　装饰装修工程项目招投标

知　识　点：招标投标的概念、招投标基本程序和内容、投标及其策略。

教学目标：通过学习要求掌握招标、投标概念以及投标的技巧，并能编制投标文件进行投标。

课题 1　装饰装修工程项目招投标基本理论

1.1　装饰装修工程项目招标、投标的概述

1.1.1　招标、投标概念

招标是招标人通过发布广告、信息或发出邀请函等形式，召集自愿参加竞争者投标，并根据事前规定的评选办法选定承包商的市场交易活动。在装饰装修工程项目招标过程中建设单位要根据承包商的投标报价、施工组织方案、技术措施、人员素质、工程经验、财务状况及企业信誉等方面进行综合评价，选择承包商，并与之签订合同。

装饰装修工程项目招标可以是全过程的招标，其工作内容包括设计、施工和使用后的维修；也可以是阶段性建设任务的招标，如设计、施工、材料供应等。可以是整个项目的招标；也可以是单项工程的招标。招标的内容应该包括装饰工程的质量、工期、投资、材料、工艺以及报价等条件。

投标就是投标人根据招标文件的要求，提出完成发包业务的方案、措施和报价，竞争取得业务承包权的活动。

招标投标是经济发展到一定阶段的产物，随着市场经济体制的完善，市场机制的健全，相关政策法规的逐步完善，招标投标制度的逐步推行，招标投标已经成为建设市场的主要交易方式。

1.1.2　招标、投标的原则

建设工程招标投标活动的基本原则，就是建设工程招标投标活动应该遵循的指导思想或准则。根据《中华人民共和国招标投标法》规定，它包括：公开、公平、公正和诚实信用。

（1）公开原则。公开原则就是要求招标投标活动具有高度的透明性，招标信息、招标程序必须公开，即必须做到招标通告公开发布，开标程序公开进行，中标结果公开通知，使每一个投标人得到同等的信息，在信息量相等的条件下进行公平竞争。

（2）公平原则。公平原则要求给予所有投标人以完全平等的机会，使每一个投标人享有同等的权利并承担同等义务，招标文件和招标程序不得含有任何对某一方歧视的要求或规定。

（3）公正原则。公正原则就是要求在选定中标人的过程中，评标机构的组成必须避免

任何倾向性，评标标准必须完全一致。

（4）诚实信用原则。诚实信用原则也称诚信原则。这条原则要求招投标当事人应以诚实、守信的态度行使权利，履行义务，以维护双方的利益平衡，以及自身利益和社会利益的平衡。双方当事人都必须以尊重自身利益的同等态度尊重对方利益，同时必须保证自己的行为不损害第三方利益和国家、社会的公共利益。《招标投标法》规定应该实行招标的项目不得规避招标，招标人和投标人不得有串通投标、泄漏标底、骗取投标、非法转包等行为。

课题2　装饰装修工程项目招标

2.1　装饰装修工程项目招标概述

2.1.1　工程招标方式

（1）公开招标又称无限竞争招标，是由招标单位通过报刊、电台、网络等信息媒介，以招标公告方式招请有意的投标人接受资格预审，购买招标文件，参加投标的招标方式。

公开招标使招标单位有较大的选择范围，可在众多的投标单位之间选择报价合理、工期短、信誉良好的承包商。公开招标有助于开展竞争，使承包商努力提高工程质量、缩短工期、降低成本。一般工程都采用公开招标。

（2）邀请招标，由招标单位向经预先选择的数量有限的承包商发出邀请信，邀请他们参加某项装饰工程投标竞争，被邀请的单位一般为3～5个。

邀请招标的承包商一般经过选择，在施工经验、技术力量、经济和信誉上比较可靠，因而一般都能保证项目的进度和质量。此外，由于参加投标单位数量较少，可以减少资格预审等环节，节省招标费用和时间。但如果招标人在选择邀请单位前所掌握的信息量不足，则会失去发现最适合承担该项目的承包商的机会。

2.1.2　招标文件的内容

招标人根据施工招标项目的特点和需要编制招标文件。

招标文件一般包括下列内容：

1）前附表；

2）投标须知；

3）合同主要条款；

4）合同格式；

5）采用工程量清单招标的，应当提供工程量清单；

6）技术规范；

7）设计图纸；

8）评标标准和方法；

9）投标文件的格式。

招标人应当在招标文件中规定实质性要求和条件，并按规定的方式标明。

（1）前附表

前附表是投标须知前附表的简称，它以表格的形式将投标须知概括性地表示出来，放在招标文件的最前面，使投标人一目了然，有利于引起注意和便于查阅。前附表一般包括以下内容：

1）招标项目概况，包括：项目名称、建设地点、建设规模、结构类型、资金来源等内容；

2）招标范围；

3）承包方式；

4）合同名称；

5）投标有效期；

6）质量标准；

7）工期要求；

8）投标人资质等级；

9）必要时概括列出投标报价的特殊规定；

10）投标保证金数额；

11）投标预备会时间、地点；

12）投标文件份数；

13）投标文件递交地点；

14）投标截止时间；

15）开标时间。

（2）投标须知

投标须知一般包括总则、招标文件、投标文件、开标、评标、合同授予等内容。

1）总则。投标须知的总则通常包括以下内容：

①招标项目概括。主要项目名称、建设地点、建设规模、结构类型、资金来源、建设审批文件等内容。

②招标范围。

③承包方式。

④招标方式。

⑤招标要求。包括质量标准、工期要求。

⑥投标人条件。包括：企业资质和项目经理资质等。

⑦投标费用。

2）招标文件。这部分内容主要包括：

①招标文件组成。

②招标文件解释。其中规定了招标文件解释的时间和形式。

③现场踏勘。

④投标预备会。

⑤招标文件修改。其中规定了招标文件修改的形式、时效、法律效力。

3）投标文件。这是投标须知中对投标文件各项要求的阐述。主要包括以下几个方面：

①投标文件的语言。

②投标报价的规定。包括：报价有效范围、报价依据、报价内容、部分费率和单价的规定、投标货币、主要材料和设备的品牌规定等。

③ 投标文件编制要求。包括：投标书组成内容、投标文件格式要求、投标文件的份数和签署、投标文件的密封与标志、投标有效期和投标截止期等。

④ 投标文件递交规定。包括投标文件封包要求、投标文件递交时间 、地点等。

⑤ 投标保证金。这是对投标保证金的货币的金额与交缴形式以及交纳时间等问题的说明。

⑥ 投标文件的修改与撤回。这是对投标书的修改与撤回在时间和形式上的规定。

4）开标。主要包括以下内容：

① 开标的时间、地点。

② 开标会议出席人员规定。

③ 会前必须交验的有关证明文件的规定。

④ 程序性废标的条件。

⑤ 唱标和记录规定。

5）评标。主要包括以下内容：

①评标委员会的组成。

②评标办法。

③实质性废标条件。

④投标文件澄清规定。

⑤评标保密规定。

6）合同授予。包括以下内容：

① 中标通知书发放规定。

② 履约保证金或保函递交时效规定。

③ 合同签订时效规定。

（3）合同主要条款

合同主要条款一般包括：施工组织设计和工期、工程质量和验收、合同价款与支付工程保修和其他部分。

1）施工组织设计和工期。这一部分一般包括以下内容：

①进度计划编制要求。

② 开、竣工日期。

③ 工程延期的条件。

2）工程质量与验收。这一部分一般包括以下内容：

① 质量标准。

② 质量验收程序。

3）合同价款与支付。这一部分一般包括以下内容：

① 合同价款调整规定。

② 工程款支付规定。

2.1.3 装饰装修工程项目招标程序

招投标是一个整体活动，涉及到业主和承包商两个方面，招标作为整体活动的一部分主要是从业主的角度揭示其工作内容。所谓招标程序是指招标活动内容的逻辑关系。不同的招标方式，具有不同的活动内容。目前一般采用公开招标的方式，其具体程序见图 2-1。

招标的主要工作

1. 落实各项招标条件，完成施工各项准备（若原建筑物需改造，应当先请原建设单位签证，同意改造内容，以免对原结构造成事故）和办理装饰装修工程许可证；
2. 落实工程资金、工程设计；
3. 组织和委托招标文件的编制；
4. 明确招标组织人员职责和任务范围

成立招标组织

选择招标方式

编制招标文件

1. 工程综合说明：包括装饰装修工程项目概况、内容、地点，原建筑物工程说明等；
2. 装饰装修工程图纸及技术说明；
3. 材料供应方式和工程量清单；
4. 装饰装修工程的特殊要求：如新材料、新工艺的应用等；
5. 装饰装修工程的主要合同条款要求，如付款、结算办法；
6. 投标须知及其他有关内容

编制标底

1. 按工程直接费＋间接费＋利润＋税金＋风险率和不可预见费确定；
2. 可按施工图预算为基础进行编制；
3. 可按平方米造价包干为基础的标底等

发布招标信息

网络、电视、报纸、电台等

投标单位资格预审

1. 企业经营执照、经营范围、资质等级；
2. 企业的信誉：了解企业过去承包工程的工程质量及合同履行情况；
3. 企业人员素质、装备素质、管理素质；
4. 企业财务状况等

发售招标文件

组织现场勘察

1. 按招标文件规定的日程，组织投标人现场勘察，介绍现场情况；
2. 在对工程现场情况进行介绍时，解答投标人对现场情况、招标文件、设计图纸等提出的问题，并以补充招标文件的形式书面通知所有投标人

接受投标文件

在规定投标截止时间内

评标

决标谈判

评标委员会推荐2～3个合格候选人；招标人对最后决标进行价格、付款等优惠条件进行谈判

定标

发中标通知书

30天内签订合同

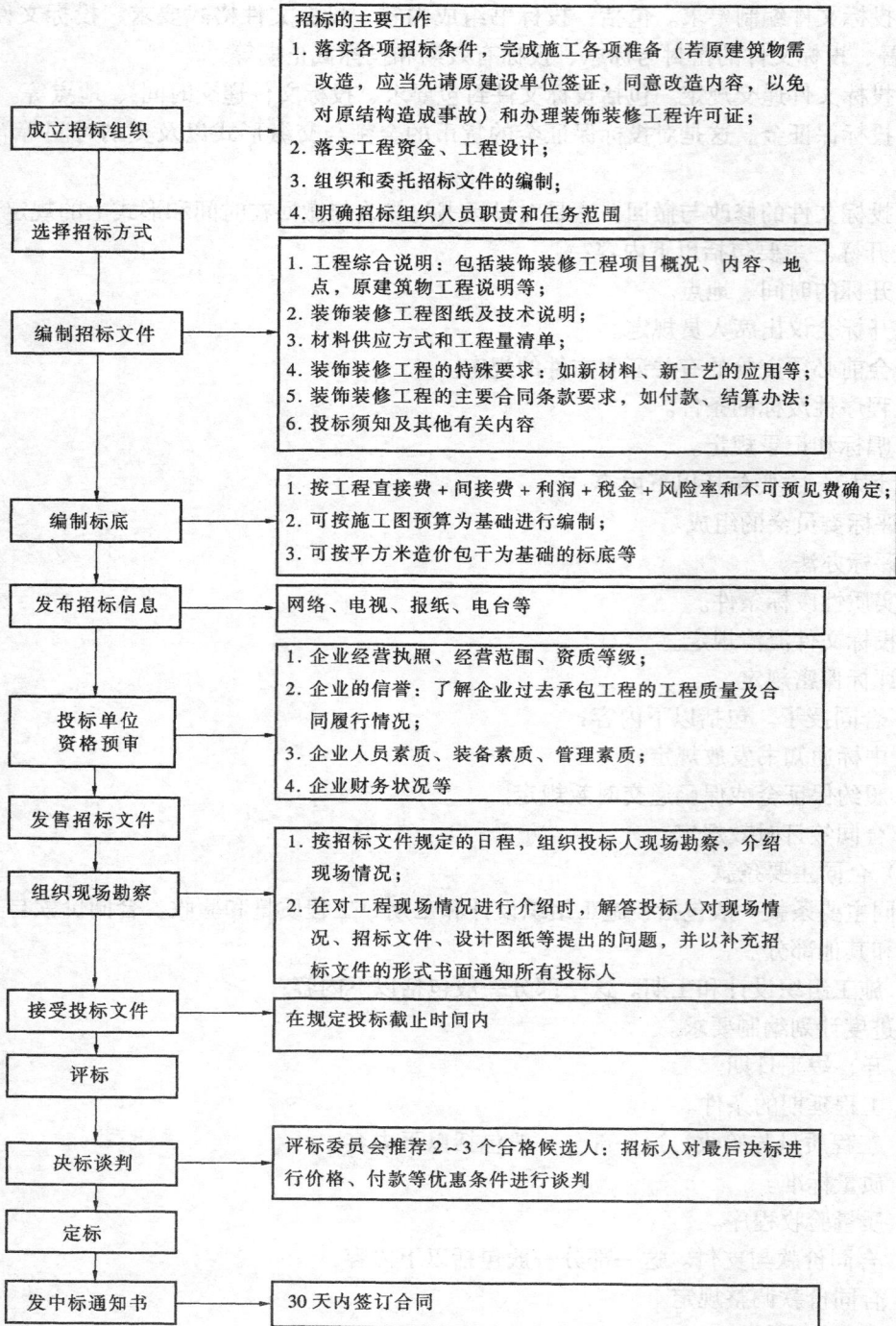

图 2-1 装饰装修工程项目公开招标程序图

课题 3 装饰装修工程项目投标

3.1 装饰装修工程项目投标

3.1.1 投标的组织

进行装饰装修工程投标，需要有专门的机构和人员对投标全过程加以组织与管理，以提高工作效率和中标的可能性。建立一个强有力的内行的投标班子，是投标获得成功的根本保证。

不同的装饰装修工程项目，由于其规模、装饰要求、性质等不同，业主在择优时可能各有侧重。但一般来说，业主主要考虑如下方面：较低的价格、优良的质量和较短的工期。因而在确定投标班子人选及制订投标方案时必须充分考虑这些因素。

投标班子一般由三类人员组成：

（1）经营管理类人才：指专门从事装饰装修工程业务承揽工作的公司经营部门管理人员和拟定的项目经理，他们应具备分析和预测市场行情的能力，较强的社会活动与公共关系能力，并要求具有丰富的实践经验，掌握大量的市场信息。这类人才在投标班子中起到核心作用。

（2）专业技术人才：主要指与装饰装修工程项目相关的各类技术人才，他们具有较高学历和技术职称，掌握本工程运用的新技术、新工艺等专业知识，具有较强的实际操作能力。在投标中能从本公司的实际技术水平出发，确定专业的装饰装修施工技术措施方案，编制合理施工组织设计方案。

（3）商务金融人才：指从事预算、财务等方面人才，他们具有概预算、材料设备采购、财务保险等专业知识，是编制投标报价的主要人才。

3.1.2 装饰装修工程投标文件的编制

建筑装饰装修工程项目投标文件，是装饰装修工程项目投标人单方面阐述自己响应招标文件要求，旨在向招标人提出愿意订立合同的意思表示，是投标人确定和解释有关投标事项和各种书面表达形式的统称。从合同订立过程来分析，装饰装修工程项目投标文件在性质上属于一种要约，其目的在于向招标人提出订立合同的意愿。

建筑装饰装修工程项目投标文件是由一系列有关投标方面的书面资料组成的。一般来说，投标文件由以下几个部分组成：

1）投标书。其主要内容为：投标报价、质量、工期目标、履约保证金数额等。

2）投标书附录。其内容为投标人对开工日期、履约保证金、违约金以及招标文件规定的其他要求。

3）投标保证金。投标保证金的形式有：现金、支票、汇票和银行保函，但具体采用何种形式应根据招标文件规定。另外，投标保证金被视作投标文件的组成部分，未及时交纳投标保证金，该投标将被作为废标而遭拒绝。

4）法定代表人资格证明书。

5）授权委托书。

6）具有标价的工程量清单与报价表。当招标文件要求投标书附报价计算书时，需要附上。

7）辅助资料表。常见的有：企业资信证明资料、企业业绩证明资料、项目经理简历及证明资料、项目部管理人员表及证明资料、施工机械设备表、劳动力计划表和设施计划表等。

8）资格审查表（已通过资格预审的不采用）。

9）对招标文件中的合同协议条款内容的确认和响应。该部分内容往往并入投标书或投标书附录。

10）施工组织设计。内容一般包括：施工部署，施工方案，总进度计划，资源计划，施工总平面图，季节性施工措施，质量、进度保证措施，安全施工、文明施工、环境保护措施等。

11）按招标文件规定提交的其他资料。

上述第一至第六项及第九项内容组成商务标，第十项为技术标的主要内容，第七、第八项内容组成资信标或并入商务标、技术标。具体根据招标文件规定。

投标人必须使用招标文件提供的投标文件表格格式，但表格可以按同样格式扩展。招标文件中拟定的供投标时填写的一套投标文件格式，主要有投标书及投标书附录、工程量清单与报价表、辅助资料表等。

3.1.3 对招标文件的研究

招标文件是投标的主要依据，投标人应组织有关人员全面、深入地分析和研究招标文件，着重掌握招标人对工程的实质性要求与条件，分析投标风险、工程难易程度及职责范围，这是确定投标报价策略、按照招标文件的要求编制投标文件的重要依据。

对招标文件进行分析研究的主要内容：

（1）招标人或招标文件明示或隐含的各项要求。包括合同条件、双方权利和义务、工程承包方式（包工、包料、包工部分包料、包工不包料）、工期、质量及工程款支付与结算的方式、合同变更、索赔等条款。

（2）工程特点：现场条件、材料供应、周围环境调查。

（3）工程所需新技术、新工艺、新材料和新设备的技术供应能力。

（4）分析明确整个装饰装修工程项目设计及各部分详细尺寸，各图纸之间的关系。

（5）招标文件关于风险及其分担的原则或规定。

3.1.4 投标文件的编制要求

投标文件编制的一般要求有：

（1）投标人编制投标文件时必须使用招标文件提供的投标文件表格的格式，但表格可以按同样格式扩展。投标保证金、履约保证金的方式，按招标文件有关条款的规定可以选择。投标人根据招标文件的要求和条件填写投标文件时，要求填写的空格都必须填写，不得空着不填，否则即被视为放弃意见。实质性的项目内容如工期、质量等级、价格等未填写的，将被作为无效或作废的投标文件处理。要将投标文件按规定的日期送交招标人，等待开标、决标。

（2）应当编制的投标文件"正本"仅一份，"副本"则按招标文件前附表的份数提供，同时要在标书方面标明"投标文件正本"和"投标文件副本"字样。投标文件正本和副本如有不一致之处，以正本为准。

（3）投标文件正本和副本均应使用不能擦去的墨水打印或书写，各种投标文件的填写都要字迹清晰、端正，补充设计图纸要整洁、美观。

（4）所有投标文件均应由投标人的法定代表人签署、加盖印鉴，并加盖法人单位公章。

（5）填报投标文件应反复校核，保证分项和汇总计算均无错误。全套投标文件均应无涂改和行间插字，除非这些删改是根据招标人的要求进行的，或者是投标人造成的必须修改的错误。修改处应由投标文件签字人签字证明并加盖印鉴。

（6）如招标文件规定投标保证金为合同总价的某百分比时，投标保函不要交得太早，以防泄露乙方报价。但有的投标人提前开出并故意加大保函金额，以麻痹竞争对手的情况也是存在的。

（7）投标人应将投标文件的技术标和商务标分别密封在内层包封，再密封在一个外层包封中，并在内封上标明"技术标"和"商务标"。标书包封的封口处都必须加贴封条，封条贴缝应全部加盖密封章或法人章。内层和外层包封都应由投标人的法定代表人签署、加盖印鉴，并加盖法人单位公章。内层和外层包封都应写明招标人名称和地址、合同名称、工程名称、招标编号，在注明开标时间以前不得开封。在内层和外层包封上还应写明投标人的名称与地址、邮政编码，以便投标出现逾期送达时能原封退回。如果内外层包封没有按上述规定密封并加写标志，投标文件将被拒绝，并退还给投标人。投标文件应按时递交至招标文件前附表所述的单位和地址。

（8）投标文件的打印应力求整洁、悦目，争取评标专家的好感，投标文件的装订也要力求精美，使评标专家从侧面产生对投标人企业实力的认可。

3.1.5 投标报价

（1）投标报价的依据

投标估价的主要依据有：

1）招标文件，包括招标答疑文件；

2）装饰预算定额、单位估价表、费用定额以及地方的有关工程造价的文件，有条件的企业应尽量采用企业施工定额；

3）劳动力、材料市场价格信息，包括由地方造价管理部门编制的造价信息；

4）装饰施工图；

5）装饰施工规范、标准；

6）施工方案和施工进度计划；

7）现场踏勘和环境调查所获得的信息；

8）当采用工程量清单招标时应包括工程量清单。

（2）投标报价

分析招标文件和报价内容，一般主要弄清报价范围、取费标准、采取的定额、工料机定价方法、技术要求、特殊材料工艺的要求。同时，注意发现相互矛盾和表达不清的问题，及时在答疑会上采用书面形式提问，请招标人给予解答，使报价更准确。

在投标实践中，报价发生较大偏差原因，常见的有两个：

其一是造价估算误差太大；其二是没弄清招标文件中有关报价规定。若采用工程量清单报价时，严格按要求报价。

（3）投标报价组成计算

按建设工程量清单报价由直接费＋间接费＋利润＋税金，也可以根据具体情况考虑一定的风险费。

3.1.6 投标程序

投标程序具体见图 2-2。

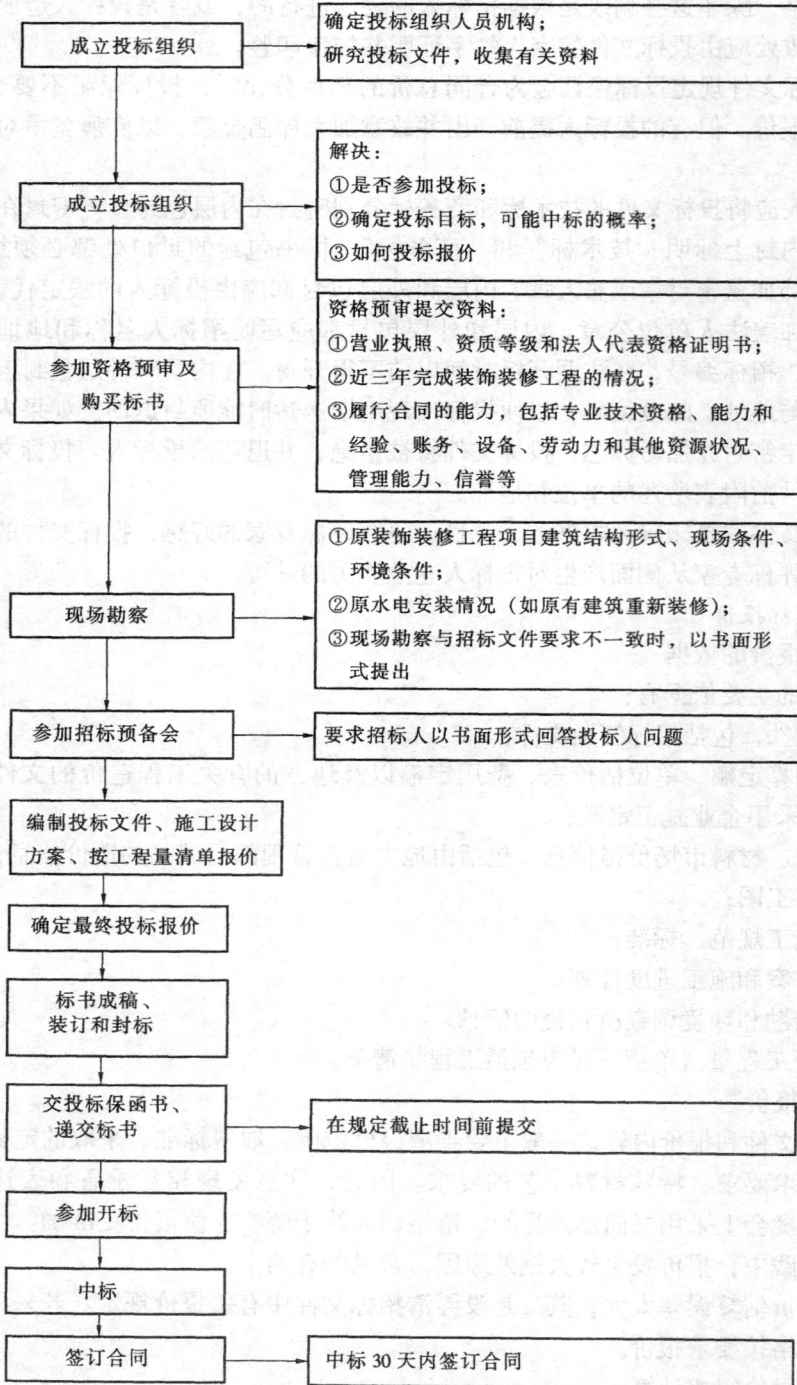

| 成立投标组织 | → | 确定投标组织人员机构；
研究投标文件，收集有关资料 |

| 成立投标组织 | → | 解决：
①是否参加投标；
②确定投标目标，可能中标的概率；
③如何投标报价 |

| 参加资格预审及
购买标书 | → | 资格预审提交资料：
①营业执照、资质等级和法人代表资格证明书；
②近三年完成装饰装修工程的情况；
③履行合同的能力，包括专业技术资格、能力和
经验、账务、设备、劳动力和其他资源状况、
管理能力、信誉等 |

| 现场勘察 | → | ①原装饰装修工程项目建筑结构形式、现场条件、
环境条件；
②原水电安装情况（如原有建筑重新装修）；
③现场勘察与招标文件要求不一致时，以书面形
式提出 |

| 参加招标预备会 | → | 要求招标人以书面形式回答投标人问题 |

| 编制投标文件、施工设计
方案、按工程量清单报价 |

| 确定最终投标报价 |

| 标书成稿、
装订和封标 |

| 交投标保函书、
递交标书 | → | 在规定截止时间前提交 |

| 参加开标 |

| 中标 |

| 签订合同 | → | 中标 30 天内签订合同 |

图 2-2 投标程序图

3.1.7 投标策略

投标单位参加投标竞争成功与否，在很大程度上取决于投标策略的选取。常见的投标策略有以下几种：

1）靠合理降低价格取胜。通过提高施工技术水平，优化施工方案，合理地安排施工进度，科学地施工组织管理，来降低工程造价，进而降低投标报价，以此来获得投标的成功。

2）靠缩短工期取胜。通过采取有效措施，能够在标书规定的工期之前提前完成工程任务，并以此来获得投标的成功。

3）靠改进设计取胜。仔细研究原设计图纸，发现其不合理的地方，提出解决的办法（尤其是能够缩短工期、改进装饰装修材料、降低造价的办法）。

4）靠附带优惠条件取胜。投标单位提出优惠条件来替招标单位解决困难而创造中标条件。

5）低利润政策。投标单位为了自身的长远发展，为了打开某一地区的市场，或是为了掌握某种施工技术，而宁愿牺牲利润来获得工程项目。

以上策略都是相辅相成的，概括起来可以归纳为"把握形势，取长补短，掌握主动，随机应变"。投标单位在投标实践中，应当根据具体情况综合灵活地运用。在整个招投标的全过程中，有着很多的技巧：

（1）投标准备阶段

1）在获得招标信息时，装饰装修企业应当根据自身情况和市场行情以及招标人的资金情况进行分析判断，作出是否参加投标的决策。

2）在组织投标时，应该做到企业内和企业外相结合，投标人员和施工人员相结合，领导与业务人员相结合，保证投标组织的高效运转。

3）在编制投标文件之前，投标单位要广泛获取各种信息：

①聘请有权威的咨询单位为顾问单位，以获取有关工程项目的重要资料，并让其审核标书的有关内容，对报价水平和决策思考作出指导。

②了解投标竞争对手的管理、技术、设备、信誉状况和报价习惯等，做到知己知彼。

③了解招标单位对招标的报价取向，即选最低报价还是合理报价。

（2）投标报价阶段

在投标的最后期限之前，确定投标书的报价一般有以下措施（技巧）：

1）低价夺标法。当企业施工任务不足，或为了打入市场，挤走竞争对手，而不惜以减少利润取得标的的办法。

2）高价夺标法。对于一些施工条件差、专业技术要求高、业主迫切需要或工期紧迫、竞争对手实力差的工程项目，具有决定优势的投标单位可以采用较高的报价来获取高额利润。

3）零星用工法。零星用工可以高于工程单价表中的工资单价。原因是零星用工不属于承包总价的范围，发生时可以实报实销，也可以多获利。

4）多方案报价法。若招标文件某些条款不明确或太过苛刻，对投标人不利，投标人可以按原标书报一个标价，再提出如某些条款可以做某些变动，报价可以降低若干，以吸引招标单位改变条款。

（3）定标、决标阶段

在开标后，标价最低的投标单位不一定获得项目的承包权，招标单位要经过各个方面综合因素的考虑，通过议标谈判来最后确定中标单位。在议标谈判的过程中，还有着如下一些投标技巧：

1）降低投标价格。投标单位可以在获取招标单位同意和不损害自身利益的前提下，适当降低投标价格来获得议标谈判中的优势。降低投标价格可以通过降低投标利润、降低经营管理费和设定降价系数三个方面入手。

2）补充优惠条件。在议标谈判中，投标单位可以通过考虑缩短工期，提高工程质量，降低支付条件，采用新技术和新设计方案，提供补充物资和设备等优惠条件来争取招标单位的赞许，而获得标的。

（4）辅助中标手段

在投标竞争中往往会有一些辅助性的技巧，这些技巧在投标竞争中同样起着非常重要的作用。如聘请当地人做投标代理，可以起到耳目、喉舌和顾问的作用；借助当地公司的力量与关系进行联合投标，也是争取中标的一种有效的手段，有利于超越"地方保护主义"，还可以分享当地公司的优惠条件。

实 训 课 题

1. 某统计局准备将原旧办公楼重新进行装修，装修面积 2500m²，该单位应采用什么形式来选择一个质优、价格合理的装饰装修公司？由谁来编制招标文件？招标文件的内容包括哪些？怎样进行招标？

2. 某装饰装修公司在网上看到某统计局发布的一条装饰装修工程项目招标信息，根据该信息，装饰装修公司认为此工程项目很适合自己公司承建，决定报名参加投标。

问：（1）该装饰装修公司准备参加投标，应作哪些准备工作？

（2）编制的投标文件应由哪些内容组成？

（3）递交投标文件时应注意哪些问题？

思 考 题 与 习 题

1. 什么是装饰装修工程项目招标投标？在招标投标过程中要遵循什么原则？

2. 装饰装修工程项目招标方式有哪些？招标文件有哪些内容？招标的程序是怎样的？

3. 如何组织装饰装修工程项目投标？如何编制投标文件？

4. 投标文件应分析的内容有哪些？

5. 投标文件有哪些编制要求？

6. 投标报价的程序是怎样的？投标的策略有哪些？

单元 3　装饰装修工程项目管理组织机构

知 识 点：组织及组织结构、组织设计、组织形式、项目经理部等。

教学目标：通过学习能够根据工程具体情况编制装饰装修工程项目组织机构的各种模式，并能制定项目经理部的管理制度，以及根据工程情况进行组织协调。

课题 1　装饰装修工程项目管理组织概述

1.1　装饰装修工程项目组织的基本原理

组织是项目管理中的一项重要的职能，建立精干、高效的装饰装修工程项目管理机构并使之正常运行，是实现装饰装修工程项目管理目标的前提条件。因此，组织的基本原理是装饰装修工程项目管理人员必须具备的基础知识。

1.1.1　组织和组织结构

（1）组织

所谓组织，就是为了使系统达到它特定的目标，使全体参加者经分工以及设置不同层次的权力和责任制度而构成的一种人的组合体。它含有三层意思：①目标是组织存在的前提；②没有分工与协作就不是组织；③没有不同层次的权力和责任制度就不能进行组织活动和实现组织目标。

组织有如下特点：生产要素可以相互替代，如增加机器设备可以替代劳动力，而组织不能替代生产要素，也不能被生产要素所替代。但是，组织可以生产要素合理配合而增值，即可以提高生产要素的使用效益。随着现代化社会大生产的发展，随着生产要素复杂程度的提高，组织在提高经济效益方面的作用也日益显著。

（2）组织结构

组织内部构成和各部分间所确立的较为稳定的相互关系和联系方式，称为组织结构。以下几种提法反映了组织结构的基本内涵：①确立正式关系与职责的形式；②向组织各个部门或个人分派任务和各种活动的方式；③协调各方面活动和明确任务的方式；④组织中权力、地位和等级关系。

1）组织结构与职权的关系。组织结构与职权形态之间存在着一种直接的相互关系，这是因为组织结构与职位以及职位间关系的确立密切相关，因而组织结构为职权关系提供了一定的格局。组织中的职权指的就是组织中成员间的关系，而不是某一个人的属性。职权的概念是与合法地行使某一职位的权力相关的，而且是以下级服从上级的命令为基础的。

2）组织结构与职责的关系。组织结构与组织中各部门、各成员的职责的分配直接有关。在组织中，只要有职位就有职权，而只要有职权也就有职责。组织结构为职责的分配和确定奠定了基础，而组织的管理则是以机构和人员职责的分派和确定为基础的，利用组织结构可以评价组织各个成员的功绩与过错，从而使组织中的各项活动有效地开展起来。

3）组织结构图。组织结构图是组织结构简化了的抽象模型。但是，它不能准确、完整地表达组织结构，如它不能说明一个上级对其下级所具有的职权的程度以及平级职位之间相互作用的横向关系。尽管如此，它仍不失为一种表示组织结构的好方法。

1.1.2 组织设计

组织设计就是对组织活动和组织结构的设计过程，有效的组织设计在提高组织活动效能方面起着重大的作用。组织设计有以下要点：

第一，组织设计是管理者在系统中建立最有效相互关系的一种合理化的、有意识的过程；

第二，该过程既要考虑系统的外部要素，又要考虑系统的内部要素；

第三，组织设计的结果是形成组织结构。

（1）组织构成因素

组织构成一般是上小下大的形式，由管理层次、管理跨度、管理部门、管理职能四大因素组成。各因素是相互制约的。

1）管理层次，是指从组织的最高管理者到最基层的实际工作人员之间的等级层次的数量。

管理层次可分为以下几个层次，即决策层、协调层、执行层和操作层。决策层的任务是确定管理组织的目标和大政策方针以及实施计划，它必须精干、高效；协调层的任务主要是参谋、咨询职能，其人员应有较高的业务工作能力；执行层的任务是直接调动和组织人力、财力、物力等具体活动，其人员应有实干精神并能坚决贯彻管理指令；操作层的任务是从事操作和完成具体任务，其人员应有熟练的作业技能。这几个层次的职能和要求不同，担负着不同的职责和具备相应的权限，同时也反映了组织机构中人数变化的规律。

组织的最高管理者到最基层的实际工作人员权责逐层递减，而人数却逐层递增。

如果组织缺乏足够的管理层次将使其运行陷于无序的状态。因此，组织必须形成必要的管理层次。不过，管理层次也不宜过多，否则会造成资源和人力的浪费，也会使信息传递慢、指令走样、协调困难。

2）管理跨度，是指一名上级管理人员所直接管理的下级人数。在组织中，某级管理人员的管理跨度的大小直接取决于这一级管理人员所需要协调的工作量。管理跨度越大，领导者需要协调的工作量越大。因此，为了使组织能够高效地运行，必须确定合理的管理跨度。

管理跨度的大小受很多因素的影响，它与管理人员性格、才能、个人精力、授权程度以及被管理者的素质有关。此外，还与职能的难易程度、工作的相似程度、工作制度和程序等客观因素有关。确定适当的管理跨度，需积累经验并在实践中进行必要的调整。

3）管理部门，组织中各部门的合理划分对发挥组织效应是十分重要的。如果部门划分不合理，会造成控制、协调困难，也会造成人浮于事，浪费人力、物力、财力。管理部门的划分要根据组织目标与工作内容确定，形成既有相互分工又有相互配合的组织机构。

4）管理职能，组织设计确定各部门的职能，应使纵向的领导、检查、指挥灵活，达到指令传递快、信息反馈及时；使横向各部门间相互联系、协调一致，各部门有职有责、尽职尽责。

（2）组织设计原则

装饰装修工程项目机构的组织设计一般需考虑以下几项基本原则：

1）集权与分权统一的原则。在任何组织中都不存在绝对的集权和分权。在装饰装修工程项目机构设计中，所谓集权，就是项目经理掌握所有项目管理权，各专业工长（负责人）只是其命令的执行者；所谓分权，是指在项目经理的授权下，各专业工长（负责人）在各自管理的范围内有足够的决策权，项目经理主要起协调作用。

装饰装修工程项目机构是采取集权形式还是分权形式，要根据装饰装修工程项目的特点和工程的规模，项目经理的管理能力、精力及各专业工长的工作经验、工作能力、工作态度等因素进行综合考虑。

2）专业分工与协作统一的原则。对于装饰装修工程的项目机构来说，分工就是将合同目标，特别是成本控制、进度控制、质量控制三大目标划分成各部门以及各管理工作人员的目标、任务，明确各自要干什么、怎么干。在分工中特别要注意以下三点：①尽可能按照专业化的要求来设置组织机构；②工作上要有严密分工，每个人所承担的工作，应力求达到较熟悉的程度；③注意分工的经济效益。

在组织机构中还必须强调协作。所谓协作，就是明确组织机构内部各部门之间和各部门内部的协调关系与配合方法。在协作中应该特别注意以下两点：①主动协作。要明确各部门各专业之间的工作关系，找出易出矛盾之点，加以协调。②有具体可行的协作配合办法。对协作中的各项关系，应逐步规范化、程序化。

3）管理跨度与管理层次统一的原则。在组织机构的设计过程中，管理跨度与管理层次成反比例关系。这就是说，当组织机构中的人数一定时，如果管理跨度加大，管理层次就可以适当减少；反之，如果管理跨度缩小，管理层次肯定就会增多。一般来说，装饰装修工程项目组织机构的设计过程中，应该在通盘考虑影响管理跨度的各种因素后，在实际运用中根据具体情况确定管理层次。

4）责权一致的原则。在装饰装修工程项目组织机构中应明确划分职责、权力范围，做到责任和权力相一致。从组织结构规律来看，一定的人总是在一定的岗位上担任一定的职务，这样就产生了与岗位职务相适应的权力和责任，只有做到有职、有权、有责，才能使组织机构正常运行。由此可见，组织的责权是相对于预定的岗位职务来说的，不同的岗位职务应有不同的责权。责权不一致对组织的效能损害是很大的。权大于责就容易产生瞎指挥、滥用权力的官僚主义；责大于权就会影响管理人员的积极性、主动性、创造性，使组织缺乏活力。

5）才职相称的原则。每项工作都应该确定为完成该工作所需要的知识和技能。可以通过考察相关人员的学历与经历，或进行测验，了解其知识、经验、才能、兴趣等，来进行评审比较。职务设计和人员评审都可以采用科学的方法，使每个人现有的和可能有的才能与其职务上的要求相适应，做到才职相称，人尽其才，才得其用，用得其所。

6）经济效率原则。装饰装修工程项目机构设计必须将经济性和高效率放在重要地位。组织结构中的每个部门、每个人为了一个统一的目标，应组合成最适宜的结构形式，实行最有效的内部协调，使事情办得简洁而正确，减少重复和扯皮。

7）弹性原则。组织机构既要有相对的稳定性，不要总是轻易变动，又要随组织内部和外部环境条件、工程进度的变化，以及具体情况作出相应的调整与变化，使组织机构具有一定的适应性。

1.1.3 建筑装饰装修工程项目管理组织的特点

1）装饰装修工程项目管理组织具有一次性的特点。装饰装修工程项目管理组织的寿命与装饰装修工程项目完成的时间有关，项目完成就意味着装饰装修工程项目管理组织的结束，其组织机构就会解散。

2）装饰装修工程项目管理组织具有明确的目标和任务。装饰装修工程项目管理组织的目的就是为了按合同要求完成整个装饰装修工程项目。

3）装饰装修工程项目管理组织具有系统性。装饰装修工程项目的系统性决定了装饰装修工程项目管理组织的系统性。装饰装修工程项目管理组织机构的设置应该能够完成所有的工作和任务，同时还要求结构最简单、效率最高。

4）装饰装修工程项目管理组织有着高度的弹性和可变性。装饰装修工程项目管理组织机构的许多组织成员随项目任务的承接和完成进行调整，或承担不同的角色。

5）装饰装修工程项目管理组织各种关系的复杂性。装饰装修工程项目管理组织不但受到其上级部门、政府行政部门、质检部门等外部环境的制约，而且由于项目的参加者来自不同的单位和部门，有着各自独立的经济利益和权利，各种合作关系和利益冲突错综复杂。

6）装饰装修工程项目管理组织形式的多样性。

课题2　装饰装修工程项目管理组织形式

2.1　装饰装修工程项目管理组织形式

2.1.1　装饰装修工程项目管理组织机构的设置程序

（1）装饰装修工程项目管理组织机构的设置首先要确定项目管理目标，即根据企业批准的项目管理规划大纲确定项目经理部的管理任务和组织形式。

（2）确定项目经理部的层次，设立职能部门与工作岗位。

（3）确定项目部的人员、职责、权限。

（4）由项目经理根据"项目管理目标责任书"进行目标分解。

（5）组织有关人员制定规章制度和目标考核制度、奖惩制度。

装饰装修工程项目管理组织机构设置的程序框图如图 3-1 所示。

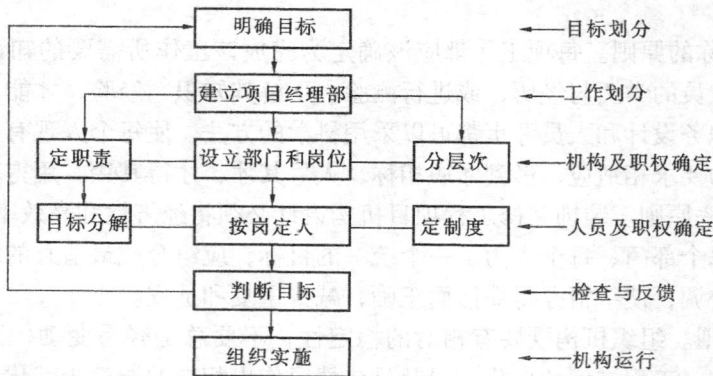

图 3-1　装饰装修工程项目管理组织机构设置程序图

2.1.2 装饰装修工程项目管理的主要组织机构

项目组织机构形式应根据装饰装修工程项目的规模、复杂程度、专业特点、人员素质和地域范围并确定与企业管理层的关系，项目组织形式一般有以下形式：

（1）直线式组织形式（图 3-2）

1）特征。直线式组织中的各种职位均按直线排列，项目经理直接进行单线垂直领导。

①责任、权力、利益关系明确；

②等级明显，命令统一，不会出现接受任务中的矛盾；

图 3-2 直线式组织形式

③管理人员能够直接掌握工程信息，信息传递的速度快；

④上级管理部门可以对下属充分授权而不引起混乱，不需要更多的协调意见。

但由于没有职能部门的监督和管理，领导管理过细，不利于提高管理水平。

2）适用范围。当项目比较大的时候，各部门之间的协调十分困难，资源不能得到合理的使用。因此，该组织形式仅适用于小型项目。

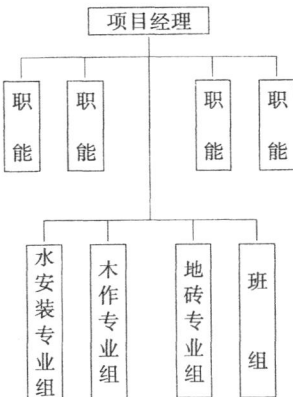

图 3-3 职能部门控制式组织形式

（2）职能部门控制式组织形式（图 3-3）

项目经理部按照各专业职能部门建立的项目组织，把装饰工程项目发包给专业队，由项目部组织管理项目施工。

1）特征。

①按照职能原则建立的项目组织，没有打破企业现行的建制；

②把项目分包给专业部门或施工队，由项目部职能部门负责实施项目组织与管理。

2）适用范围。

适用于大型、专业性较强、不需要涉及众多部门的装饰装修工程项目。

（3）矩阵式项目组织形式（图 3-4）

矩阵式项目组织形式，把职能部门的纵向优势和项目组织的横向优势结合起来，形成一种互相交叉的"矩阵"型项目组织形式。

1）特征。

①把职能原则和对象原则结合起来，既发挥职能部门的纵向优势，又发挥项目组织的横向优势。

②专业职能部门是永久性的，项目组织是临时性的。职能部门的负责人对参与项目的人员有组织调配、业务指导和管理考察的责任。项目经理将参与项目组织职能的人员在横向上有效地组织起来，为实现装饰装修工程项目管理的目标协同工作。

③项目管理组织机构的所有部门和成员都接受原部门负责人和项目经理的双重领导。部门负责人有权根据不同项目的需要和忙闲程度，在项目之间调配本部门人员。一个专业人员可能同时为几个项目服务，特殊人才可以充分发挥作用，大大提高了人才利用率。

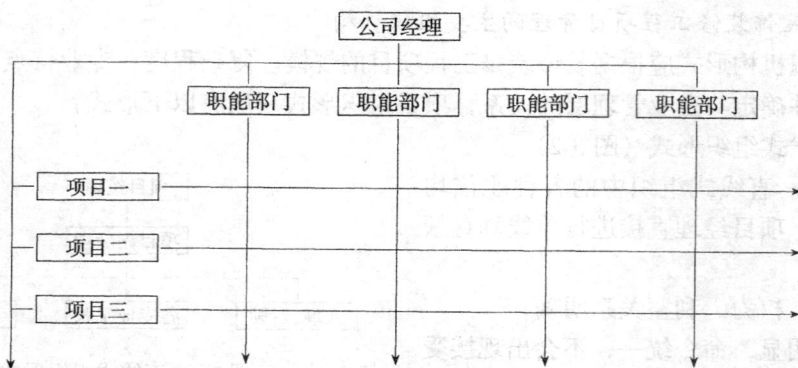

图 3-4 矩阵式项目组织形式

④项目经理对本项目经理部的成员有权管理使用。当人力不足或人力过剩的时候，项目经理可以向职能部门要求支援、调换或辞退。

⑤项目经理部的工作有多个职能部门支持，项目经理没有人员包袱。但要求在水平方向和竖直方向有良好的信息沟通和协调配合，对整个企业组织和项目组织的管理水平和组织渠道畅通提出了较高的要求。

2）适用范围。

适用于大型复杂的项目，或多个同时进行的项目。

（4）事业部式项目组织形式（图 3-5）

事业部式项目组织形式就是由企业成立的一个具有独立经营权的职能部门对装饰装修工程项目进行管理的一种组织形式。

1）特征。

①事业部是企业的一个职能部门，相对于企业外部，具有独立的经营权，是一个独立的单位。

②事业部可以按地区设置，也可以按工程类型或经营类型设置。

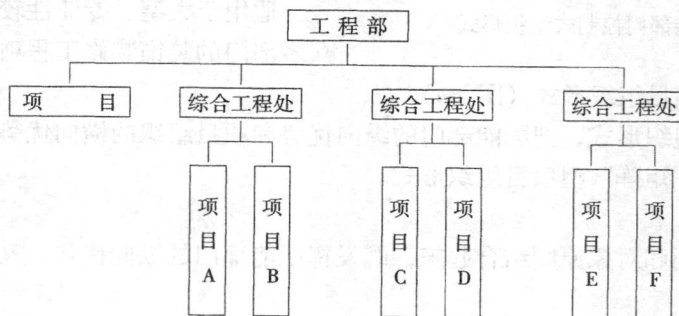

图 3-5 事业部式项目组织形式

③事业部下设项目经理部，项目经理由事业部选派，一般对事业部负责，有时也可以对业主负责。

2）适用范围。

适用于大型经营性企业的工程承包，特别适用于远离公司本部的工程承包。也适用于

26

在一个地区内有长期市场或一个企业有多种专业化施工时采用。

一般来说，可以根据以下情况选择装饰装修工程项目管理的组织形式。

可供选择项目组织形式时参考因素见表3-1。

选择装饰装修工程项目管理组织形式的参考因素　　　　　　　　　　　表3-1

项目组织形式	项 目 性 质	企 业 类 型	员 工 素 质	管 理 水 平
直线式	小型项目及简单项目	小型装饰装修企业、任务单一的企业	素质一般，专业分工差	管理水平尚可，管理人员稳定
职能部门控制式	复杂项目、专业要求高	大型综合装饰装修企业，有得力项目经理的企业	员工素质较强，专业人才多，职工和技术素质较高	管理水平较高，专业知识较强，管理经验丰富
矩阵式	多工种、多部门、多技术配合的部门，管理效率要求很高的项目	经营范围很宽，实力雄厚的大型综合企业	文化素质、管理素质、技术素质很高，但人才紧缺，管理人才济济，人员一专多能	管理水平很高，管理渠道畅通，信息沟通灵敏，管理经验丰富
事业部式	大型项目，远离企业基地的项目，事业部制企业承揽的项目	大型综合装饰装修企业，经营能力很强的装饰装修企业，海外承包企业，跨地区承包企业	人员素质较高，项目经理能力强，专业人才多	经营能力较强，信息手段强，管理经验丰富，经济实力强

项目经理部的人员配置应满足施工项目管理的需要。职能部门的设置应满足质量、进度、安全、成本的控制以及满足材料、技术、现场管理等需要，保证项目顺利的进行。

课题3　装饰装修工程项目经理部

3.1　装饰装修工程项目经理部

3.1.1　装饰装修工程项目经理部的作用

装饰装修工程项目经理部是装饰装修工程项目管理的工作班子，置于项目经理的领导之下。项目经理部在项目管理中起着非常重要的主体作用：

（1）装饰装修工程项目经理部在项目经理的领导下，作为项目管理的组织机构，负责项目从开工到竣工的全过程的管理，是企业在某一具体装饰装修工程项目的管理层，同时对作业层负有管理和服务的双重职能。

（2）装饰装修工程项目经理部是装饰装修工程项目经理的办事机构，为项目经理决策提供信息依据，当好参谋。同时，又要执行项目经理的决策意图，向项目经理负责。

（3）装饰装修工程项目经理部是一个组织体，其作用包括完成企业所赋予的基本任务——项目管理和专业管理任务等，凝聚管理人员的力量，调动其积极性，促进管理人员的合作，协调部门之间、管理人员之间的关系，发挥每个人的岗位作用，使其为共同的目标进行工作。

（4）装饰装修工程项目经理部是装饰装修工程项目管理的组织机构，是代表企业履行装饰装修工程承包合同的主体，对业主和最终建筑产品全面负责，通过管理实体地位的体现，使得每个装饰装修工程项目经理部成为市场竞争的主体成员。

3.1.2 装饰装修工程项目经理部的建立原则

（1）装饰装修工程项目经理部的建立要根据装饰装修工程项目的规模、复杂程度和专业特点进行设置。

（2）装饰装修工程项目经理部的建立要根据所设计的装饰装修工程项目组织形式进行设置。

（3）装饰装修工程项目经理部应该是一个具有弹性的一次性组织，能够随工程任务的变化进行调整。

（4）装饰装修工程项目经理部的人员配置应该面向现场，满足现场的计划、调配、技术、质量、成本核算、材料、人工和安全文明施工的需要。

3.1.3 装饰装修工程项目经理部的部门设置和人员配置

装饰装修工程项目经理部的部门设置和人员配置的指导思想是把项目建成企业市场竞争的核心，企业管理的重心，成本核算的中心，代表企业履行合同的主体和工程管理的实体。因此，项目经理部的人员配置应满足施工项目管理的需要。职能部门的设置应满足质量、进度、安全、成本的控制以及满足材料、技术、现场管理等需要，保证项目顺利地进行。通常设置下面五个部门：

（1）经营核算部门：主要负责预算、合同、索赔、资金收支、成本核算、劳动力配置及劳动力分配等工作。

（2）工程技术部门：主要负责生产调度、文明施工、技术管理、施工组织设计、计划统计等工作。

（3）物资设备部门：主要负责材料的询价、采购、计划供应与管理、运输工具管理、机械设备的租赁配套使用等工作。

（4）监控管理部门：主要负责工程质量、安全管理、消防保卫、环境保护等工作。

（5）测试计量部门：主要负责计量、测量、试验等工作。

3.1.4 装饰装修工程项目经理部的工作制度

装饰装修工程项目管理组织的运转需要一定的工作制度，它是实现施工项目组织关系的主要手段，又是施工项目组织运行的规则和基本要求。根据实践来看，项目经理部工作制度的建立应主要围绕计划、责任、核算、奖惩等方面，具体有以下内容：

（1）项目经理部业务系统化管理办法；

（2）项目管理人员岗位责任制度；

（3）项目技术管理制度；

（4）项目质量管理制度；

（5）项目安全管理制度；

（6）项目计划、统计与进度管理制度；

（7）项目成本核算制度；

（8）项目材料、机械设备管理制度；

（9）项目现场管理制度；

（10）项目分配与奖励制；

（11）项目例会及施工日志制度；

（12）项目发包及劳务管理制度；

（13）项目组织协调制度；

（14）项目信息管理制度。

3.1.5 装饰装修工程项目经理

装饰装修工程项目经理是企业法人代表在装饰装修工程项目上的全权委托代理人。在企业内部，项目经理是项目实施全过程、全部工作的总负责人，对外可以作为企业法人的代表在授权范围内负责处理各项事务。因此，项目经理是项目实施最高责任者和组织者。

（1）项目经理的工作

1）确定项目组织机构并配置相应人员，组织项目经理班子；

2）制定各项规章制度和岗位责任制，组织项目部成员学习项目规章制度，检查执行情况和效果，并根据反馈信息改进管理；

3）项目经理应根据项目管理人员岗位制度对管理人员的责任目标进行检查、考核和奖惩；

4）项目经理应对作业队伍和发包人实行合同管理，并应加强控制与协调；

5）及时、准确地作出项目管理决策，严格管理，保证合同的顺利进行；

6）协调项目组织内部及外部各方面关系，并代表企业法人在授权范围内进行有关签证；

7）建立完善的内部和外部信息管理系统，确保信息畅通无阻，保证工作高效率进行。

（2）项目经理应具备的素质

1）具有符合施工管理要求的能力；

2）具有相应的施工项目管理经验和业绩；

3）具有承担施工项目管理任务的技术、管理、经济、法律、法规知识；

4）具有良好的道德品质。

（3）项目经理的责、权、利

1）项目经理在承担项目施工管理过程中，履行下列职责：

①代表企业实施装饰装修工程项目管理，贯彻执行国家和工程所在地政府的有关法律、法规、政策和强制性标准，执行企业的各项管理制度，维护企业的合法权益；

②履行"项目管理目标责任书"规定的任务；

③组织编制项目管理实施规划；

④对进入现场的生产要素进行优化配置和动态管理；

⑤建立质量管理体系和安全管理体系并组织实施；

⑥在授权范围内负责与企业管理层、劳务作业层、各协作单位、发包人、分包人和监理工程师等协调，解决项目出现的问题；

⑦按项目经理目标责任书处理项目经理部与国家、企业、分包单位及职工的利益分配；

⑧进行现场文明施工管理，发现和处理突发事件；

⑨参与工程竣工验收，准备结算资料和分析总结；

⑩处理项目经理部的善后工作。

2）项目经理在承担装饰装修工程项目施工管理的过程中，应当按照装饰装修企业与建设单位公证的工程承包合同，在本企业法定代表人授权范围内，行使以下管理权力：

①确定项目的组织结构，选择和聘任管理人员，确定管理人员的职责，并定期进行考核、评价；

②根据企业法定代表人授权规定，协调和处理与工程项目有关的内部与外部事项，授权委托签订有关合同，选择、使用作业队伍；

③在企业财务制度规定的范围内，根据企业法定代表人授权和施工管理需要，决定资金的投入和使用，决定项目经理部计酬办法；

④指挥工程项目建设的生产经营活动，调配并管理进入工程项目的人力、资金、物资、机械设备等生产要素；

⑤企业法定代表人授予的其他管理权力。

3）项目经理的利益

①获得基本工资、岗位工资和绩效工资；

②除按"项目管理目标责任书"可获得物质奖励外，还可获得精神奖励；

③经考核和审计，未完成"项目管理目标责任书"确定的项目管理责任目标或造成亏损的，应按其中有关条款承担责任，并接受经济或行政处罚。

3.1.6 装饰装修工程项目经理部的解体

装饰装修工程项目经理部是一次性具有弹性的现场生产组织机构。在工程即将结束时，项目经理部将要解体，其解体应具备的条件如下：

（1）工程已竣工验收。

（2）各分包单位已经结算完毕。

（3）与发包人签订了"工程质量保修书"。

（4）"项目管理目标责任书"已经履行完成。

（5）已与企业管理层办理了有关手续。

（6）现场最后清理完毕。

做好项目解体前的各项工作是项目管理的一项重要任务。

3.1.7 项目经理部的组织协调

一个装饰装修工程项目由不同专业、工种形成了不同的工作内容，复杂性和技术性各不相同，工作效率很大程度取决于组织和人员之间的协调，所以作为项目管理人员首先应抓好组织与人员之间的协调，才能达到进度、质量上的统一。项目经理部的组织协调可采用如下方法：

（1）会议协调法

会议协调法是装饰装修工程施工中最常见的一种协调方法。实践中常用的会议协调法包括第一次工地会议、日常例会、专业性会议等。

1）第一工地会议。第一次工地会议是装饰装修工程项目尚未全面展开前，履约各方相互认识、确定联络方式的会议，也是检查开工前各项准备工作。第一次工地会议应在项目经理下达开工令之前举行。

2）日常例会。

①由项目经理组织有关负责人组织召开的，研究施工中出现的计划、进度、质量及工程款支付等问题的工地会议。

②日常例会应当定期召开，宜每周召开一次。

③参加人包括：监理工程师代表、项目经理、项目有关人员。需要时，还可邀请其他有关单位代表参加。

④会议的主要议题如下：

对上次会议存在的问题的解决和纪要的执行情况进行检查；

工程进展情况；

对下月（或下周）的进度预测及其落实措施；

施工质量、加工订货、材料的质量与供应情况；

质量改进措施；

有关技术问题；

索赔及工程款支付情况；

需要协调的有关事宜。

⑤会议纪要

会议纪要由项目经理部门起草，经与会各方代表会签，然后分发给有关单位。会议主要内容包括：会议地点及时间；出席者姓名、职务及他们代表的单位；会议中发言者的姓名及所发表的主要内容；决定事项；诸事项分别由何人何时执行。

3）专业性会议。除定期召开工地会议以外，还应根据需要组织召开一些专业性协调会，例如材料加工订货会、总包直接与分包的工程内容之间的协调会、专业性较强的分包单位进场协调会等，均由项目经理或专业技术负责人主持会议。

（2）交谈协商法

在实践中，并不是所有问题都需要开会来解决，有时可采用"交谈"这一方法。交谈包括面对面的交谈和电话交谈两种形式。

无论是内部协调还是外部协调，这种方法使用频率都是相当高的。其作用在于：

1）保持信息畅通。由于交谈本身及其方便性和及时性，所以在工程项目中人与人、班组与班组之间内部都愿意采用这一方法进行。

2）寻求协作和帮助。在寻求别人帮助和协作时，往往要及时了解对方的反应和意见，以便采取相应的对策。另外，相对于书面寻求协作，人们更难于拒绝面对面的请求。因此，采用交谈方式请求协作和帮助比采用书面方法实现的可能性要大。

3）及时发布工程指令。在实践中，项目管理人员一般都采用交谈方式先发布口头指令，这样，一方面可以使对方及时地执行指令，另一方面可以和对方进行交流，了解对方是否正确理解了指令。随后，再以书面形式加以确认。

（3）书面协调法

当会议或者交谈不便或不需要时，或者需要精确地表达自己的意见时，就会用到书面协调的方法。书面协调方法的特点是具有合同效力，一般常用于以下几方面：

1）不需双方直接交流的书面报告、报表、指令和通知等；

2）需要以书面形式向各方提供详细信息和情况通报的报告、信函和备忘录等；

3）事后对会议记录、交谈内容或口头指令的书面确认。

（4）情况介绍法

情况介绍法通常是与其他协调方法紧密结合在一起的，它可能是在一次会议前，或是一次交谈前，或是一次走访前向对方进行的情况介绍。形式上主要是口头的，有时也伴有书面的。介绍往往作为其他协调的引导，目的是使别人首先了解情况。因此，项目管理人员应重视任何场合下的每一次介绍，要使别人能够理解你介绍的内容、问题和困难、你想得到的协助等。

总之，组织协调是一种管理艺术和技巧，项目经理与项目管理人员都需要掌握领导科学、心理学、行为科学方面的知识和技能，如激励、交际、表扬和批评的艺术、开会的艺术、谈话的艺术、谈判的技巧等等。只有这样，项目管理人员才能进行有效地协调。

实 训 课 题

结合案例情况编制该装饰装修工程项目的组织机构形式，并根据工程情况确定该项目应制定哪些制度？各职能部门的职责有哪些？

思 考 题 与 习 题

1. 装饰装修工程项目组织机构设置的原则有哪些？
2. 装饰装修工程项目组织机构组织的形式有哪些？其特征是什么？
3. 装饰装修工程项目施工过程中各专业、各班组之间产生矛盾应采取那些方式进行协调？
4. 装饰装修工程项目经理部的解体应具备的条件有哪些？
5. 项目经理部的组织协调有哪些方法？

单元 4　装饰装修工程项目合同管理

知　识　点：合同的内容、合同的签订、合同的履行及管理方法、索赔等。

教学目标：通过学习明确合同的内容，并能应用合同的条款处理装饰装修工程项目施工过程中出现的问题。

课题 1　装饰装修工程项目合同管理概述

1.1　装饰装修工程项目施工合同的概述

装饰装修工程项目施工合同是发包人和承包人为完成商定的装饰装修工程项目而明确双方相互权利、义务关系的合同。依据合同，承包方完成一定的装饰装修工程项目，发包方提供必要的施工条件并支付工程价款。装饰装修工程项目施工合同是建设工程合同的一种，它与其他建设工程合同一样是一种商务合同，合同的当事人是发包人和承包人，双方是平等的民事主体，发承包双方签订合同必须具有相应资质条件和履行装饰装修工程项目施工合同的能力。在市场经济条件下，建设市场主体之间相互的权利义务关系主要通过合同来确定的，因此，加强施工合同的管理是十分重要的，国家立法机关、国务院、国家建设行政管理部门都十分重视合同规范工作。1999 年 10 月 1 日生效实施《合同法》对建设工程施工合同做了规定，《建筑法》、《建设工程施工合同管理办法》这些法律、法规、部门规章是装饰装修工程项目施工合同管理的依据。

1.1.1　《建筑装饰工程施工合同（甲种本）示范文本》简介

《建筑装饰工程施工合同》（甲种本）由两部分构成，第一部分是《合同条件》，第二部分是《协议条款》。

《合同条件》是根据《中华人民共和国经济合同法》和《建筑安装工程承包合同条例》，对建筑装饰装修工程项目承发包双方权利义务作出的约定，除双方协商同意对其中的某些条款做出修改、补充或取消外，都必须严格履行。

《协议条款》是按《合同条件》的顺序拟定的，主要是为《合同条件》的修改、补充提供一个协议的格式。承发包双方针对工程的实际情况，把对《合同条件》的修改、补充和对某些条款不予采用的一致意见按《协议条款》的格式形成协议。《合同条件》和《协议条款》是双方统一意愿的体现，成为合同文件的组成部分。《合同条件》共有 10 个部分44 条组成，这 10 个部分内容是：

（1）词语含义及合同文件；

（2）双方一般责任；

（3）施工组织设计和工期；

（4）质量与检验；

（5）合同价款及支付方式；

（6）材料供应；

（7）设计变更；

（8）竣工与结算；

（9）争议、违约和索赔；

（10）其他。

采用招标发包的工程，《合同条件》应是招标文件的组成部分，发包方对其修改、补充或对某些条款不予采用的意见，要在招标文件中说明。承包方是否同意发包方的意见及自己对《合同条件》的修改、补充和对某些条款不予采用的意见，也要在标书中一一列出。中标后，双方将协商一致的意见写入《协议条款》。不采用招标发包的工程，在要约和承诺时都要把对《合同条件》的修改、补充和对某些条款不予采用的意见一一提出，将达成一致意见写入《协议条款》。进一步明确双方的权利与义务，以便在装饰装修工程项目施工过程中执行和管理。

1.1.2 合同文件及解释顺序

合同文件应能互相解释，互为说明。除合同另有约定外，其组成和解释顺序如下：

（1）协议条款；

（2）合同条件；

（3）洽商、变更等明确双方权利、义务的纪要、协议；

（4）建设工程施工合同；

（5）招标发包工程的招标文件、投标书和中标通知书；

（6）工程量清单或确定工程造价的工程预算书和图纸；

（7）标准、规范和其他有关的技术经济资料、要求。

1.1.3 装饰装修工程项目中的主要合同关系

由于装饰装修工程项目在众多参与单位之间形成了多种复杂的协作关系，合同就是维系这些关系的纽带。在复杂的合同网络中，建设单位和施工单位是两个主要的节点。

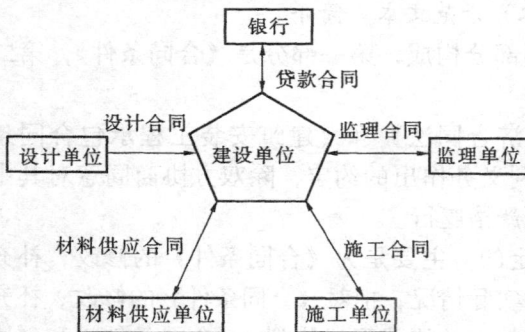

图 4-1 装饰装修工程项目中
建设单位的主要合同关系

（1）建设单位的主要合同关系

建设单位是装饰装修工程项目的所有者，为了实现装饰装修工程项目的目标，他必须与有关单位签订合同。装饰装修工程项目中建设单位的主要合同关系如图4-1所示。

1）监理合同是建设单位与监理单位签订的合同。监理单位负责装饰装修工程项目的设计监理、招标投标和施工阶段等一项或几项工作。

2）设计合同是建设单位和设计单位签订的合同。设计单位负责装饰装修工程项目的技术设计工作。

3）材料供应合同是建设单位和材料供应单位签订的关于材料采购与供应的合同。

4）施工合同是建设单位和施工单位签订的关于装饰装修工程项目施工的合同。

5）贷款合同是建设单位与金融机构签订的合同。金融机构向建设单位提供资金保证。

（2）施工单位的主要合同关系

施工单位是装饰装修工程项目施工的具体实施者，是工程的具体执行者。它有着自己复杂的合同关系。其主要合同关系如图4-2所示。

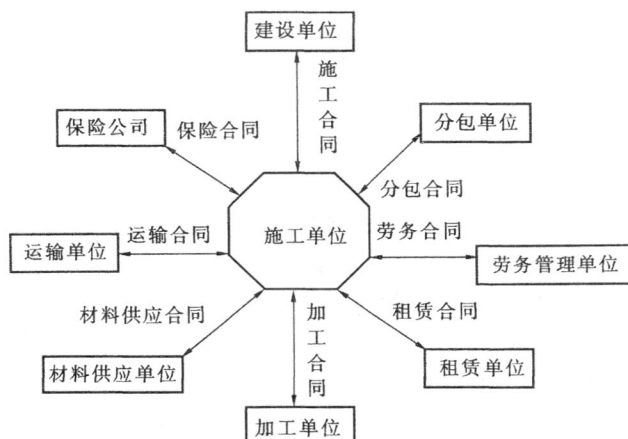

图4-2　装饰装修工程项目中施工单位的主要合同关系

由于装饰装修工程项目合同关系的明确，从而确定了装饰装修工程项目施工和管理的主要目标，确定了装饰装修工程项目所要达到的进度、质量、成本方面的目的以及目标。装饰装修工程项目合同一经签订，合同双方就结成一定的经济关系。合同规定了双方在合同实施过程中的经济责任、权利、利益和义务。如果任何一方不能认真履行自己的责任和义务，就要承担相应违约责任和经济赔偿。

课题 2　装饰装修工程项目合同的订立

2.1　装饰装修工程项目合同的订立

2.1.1　装饰装修工程项目合同订立的原则

《合同法》的基本原则是合同当事人在合同签订、执行、解释和争执过程中应当遵守的基本原则，也是人民法院、仲裁机构在审理、仲裁合同时应当遵循的原则。主要包括以下原则：

（1）自愿原则

合同当事人的地位平等，一方不得将自己的意志强加给另一方。订立合同时应当在自愿的基础上充分协调，使合同能反映当事人的意愿表示。

自愿的原则是合同法重要的基本原则，也是一般国家的法律准则。自愿原则体现了签订合同作为民事活动的基本特征。

（2）诚实信用原则

合同的订立应当在相互信任的基础上完成的，不能进行欺诈。

（3）合法的原则

合法的合同才是有效合同。订立合同应当遵守国家法律和行政法规，尊重社会公德，不得扰乱社会，损害社会公共利益。

2.1.2 合同谈判与订立

一个装饰装修公司要取得工程项目的主动权，订立一份好的合同是十分重要的。在签订合同前应做好谈判工作。

（1）谈判的基础与准备

1）组织谈判代表组。谈判代表在很大程度上决定了谈判成功的与否。谈判代表必须具备业务精、能力强、基本素质好、有经验等优势。

2）分析和确定自己的谈判基础和谈判目标。谈判的目标直接关系到谈判的态度、动机和诚意，也明确了谈判的基本立场。对业主而言，有的项目侧重于工期，有的侧重于成本，有的侧重于质量。不同的侧重点使业主的立场不同。对承包商来说，也有不同的侧重点。同样，不同的目的会使其在谈判中的立场有所不同。

3）分清与摸清对方情况。谈判要做到"知己知彼"，才能"百战百胜"。因此，在谈判之前应当摸清对方谈判的目标和人员情况，找出关键人物和关键问题。

4）估计谈判与签约结果。准备有关的文件和资料，包括合同稿、自己所需的资料和对方将要索取的资料。准备几个不同的谈判方案，并研究和考虑其中哪个方案好，以及对方可能会倾向哪一个方案。这样，当对方不愿接受某一方案时，就可以改换另一方案。谈判时切忌只有一种方案，如果对方不接受则容易使谈判陷入僵局。

（2）合同谈判与签订

合同谈判一般分为初步接洽、实质性谈判和合同拟定与签约三个阶段。

初步洽谈阶段：双方当事人一般是为了达到预期的效果，就双方各自最感兴趣的事情，相互向对方提出，澄清一些问题，如果双方了解的信息同各自所要达到的预期目标相符合，就可以为实质性谈判作准备。

实质性谈判阶段：是双方在广泛取得相互了解的基础上进行的，主要就装饰装修工程项目合同的主要条款进行具体商谈。工程项目合同的主要条款一般包括：标的、数量和质量、价款、履行、验收、违约责任等条款。

合同拟定与签约：装饰装修工程项目合同必须尽可能明确、具体，条款完备，避免使用含糊不清的词语。一般应严格控制合同中的限制条款，明确规定合同生效条件、合同有效期以及延长的条件、程序、合同的变更、纠纷处理等。另外，在签订正式合同前，应组织有经验的专业人员对合同进行仔细推敲，在双方达成一致意见后进行签字盖章。同时应注意承包商在签订装饰装修工程项目施工合同时常常会犯这样的错误：

1）由于长期承接不到工程而急于承接工程，而盲目签订合同；

2）初到一个地方，为急于打开局面而承接工程，草率签订合同；

3）由于竞争激烈，怕丧失承包资格而接受苛刻的合同。

上述这些情况很少有不失败的。

所以作为承包商应牢固地确立：宁可不承接工程，也不能签订不利于自己、明显导致亏损的合同。"利益原则"不仅是合同谈判和签订的基本原则，而且是整个合同管理和工程项目管理的基本原则。

课题3 装饰装修工程项目合同的履行与变更

3.1 装饰装修工程项目合同的履行与变更

3.1.1 合同的履行

装饰装修工程项目合同的履行是指当事人双方按照合同规定的标的、数量、质量、价款或酬金、履行期限、履行地点、履行方式等，全面地完成各自承担的义务。严格履行合同是双方当事人的义务，因此合同当事人必须共同按计划履行合同，实现合同所要达到的目标。装饰装修工程项目合同的履行的主体是项目经理及项目经理部。

在合同履行的过程中为了确保合同各项内容的顺利实现，项目经理部应对合同内容认真分析，按照合同履行的原则，建立一套完整的装饰装修工程项目施工合同管理制度。项目经理部应做好以下工作。

（1）认真分析装饰装修工程项目施工合同

分析的内容主要有以下几方面：

1）双方的义务和权利；

2）工程的承包范围及质量标准和工期要求，特别是对装饰装修工程中新材料、新工艺的要求；

3）工程款的结算、支付方式与条件；

4）合同变更的处理方式、程序和责任承担；

5）设计变更、物价上涨、不可抗力影响、工程中止等处理原则和责任承担；

6）争议的解决方法等。

（2）遵守《合同法》规定履行的各项原则

1）全面履行合同。包括实际履行（标的的履行）和适当履行（按照合同约定的品种、数量、质量、价款或报酬履行）。

2）诚实信用的原则。诚实信用的原则是指当事人在履行合同义务时，诚实、守信、善意、不滥用权利或不规避义务的原则。

3）协作履行的原则。就是要求当事人在合同履行时本着团结协作、互相帮助的精神去完成合同任务，履行各自应尽的义务。

4）遵守法律、法规，尊重社会公德，不得扰乱社会，损害社会公共利益。

（3）建立完整的合同履行制度

1）工作岗位责任制度。这是项目管理的基本制度。它具体规定项目部各管理部门的分工，人员的工作职责、权限，只有建立这种制度，才能使分工明确、合同责任落实，促进项目施工合同管理工作的正常开展，保证合同内容的顺利实现。

2）检查、控制制度。项目部应建立施工合同履行的监督检查、控制制度，通过检查发现问题，督促有关部门和人员改进工作。在装饰装修工程项目的实施过程中，由于各种干扰因素的影响，可能会发生与预定目标偏离的现象，通过对合同的跟踪可以不断地找出偏离，检查合同履行情况，并通过经济手段来保证合同任务的完成。

3）成本、材料统计、核算制度。运用科学的方法，利用统计数字、财务核算，及时反馈施工履行情况，加强合同管理。

4）建立报告和行文制度。装饰装修工程项目各参与单位之间的沟通都应该以书面形式进行，或以书面形式作为最终依据。

5）建立信息文档管理制度。建立文档系统，合同管理人员应负责各种合同资料和工程资料的收集、整理和保存工作。

3.1.2 合同的变更

所谓合同的变更，是指合同成立以后至履行完毕之前由双方当事人依法对原合同的内容所进行的修改和补充的协议。

（1）合同变更的类型

1）正常和必要的合同变更。甲、乙双方根据项目目标的需要，对装饰装修工程项目必要的设计变更或项目工作范围调整等所引起的变化，经过充分协商对原定合同条款进行适当地修改，或补充新的条款。这种有益的项目变化引起的原合同条款的变更是为了保证装饰装修工程项目的正常实施，是有利于实现项目目标的积极变更。

2）失控的合同变更。

如果合同变更过于频繁，或未经甲乙双方协商同意而变更，往往会导致项目受损或使项目执行产生困难。这种项目变化引起的原合同条款的变更不利于装饰装修工程项目的正常实施。

（2）合同变更的原因

合同内容频繁的变更是装饰装修工程项目施工合同的特点之一。对于一个复杂的装饰装修工程项目而言，施工合同实施过程中的变更事件有很多，但归纳起来一般主要有以下几方面的原因：

1）建设单位新的变更指令，对装饰装修有新的要求，从而变更整个或部分工程施工。

2）由于设计的错误，必须对原设计图纸进行修改。由于设计失误、变更等原因增加的工程任务应在原合同范围内，并应有利于装饰装修工程项目的完成。

3）对装饰装修材料的要求变化。由于建设单位对设计中采用的装饰装修材料的色彩、质量要求不满意，或因价款过高、采购或施工困难等原因，为了达到使建设单位满意以及便于施工和供货而引起合同的变更。有关材料方面的变化一般由施工单位提出要求，通过现场监理、甲方管理人员审核，在不影响项目质量、不增加成本的条件下，双方用变更书加以确认。

4）施工方案的变化。在装饰装修工程项目实施过程中，由于设计变更、施工条件改变、工期改变等原因，可能引起原施工方案的改变。如果是由于建设单位原因引起的变更，应该以变更书加以确认，并给施工单位补偿因变更而增加的费用。如果是由于施工单位自身原因引起的施工方案的变更，其增加的费用由施工单位自己承担。

5）施工条件的变化。由于施工条件变化引起的费用的增加和工期的延误，应该以变更书加以确认。对不可预见的施工条件的变化，其所引起的额外费用的增加应由建设单位审核后给予补偿，所延误的工期由双方协商共同采取补救措施加以解决。当施工条件变化是可预见的时，应该是谁的原因由谁负责。

6）承包人提出合理延长工期的要求，或发包人需要缩短工期。

7）国家立法的变化。当由于国家立法发生变化导致工程成本的增减时，建设单位应该根据具体情况进行补偿或收取费用。

3.1.3 合同变更的程序

（1）设计变更

施工中承包人不得对原工程设计进行变更。如施工方对原设计进行变更，须经甲方代表同意，并由甲方取得以下批准：

1）超过原设计标准和规模时，须经原设计和规划审查部门批准，取得相应追加投资和材料指标。

2）送原设计单位审查，取得相应图纸和说明。

施工中甲方对原设计进行变更，在取得上述两项批准后，向乙方发出变更通知，乙方按通知进行变更，否则，乙方有权拒绝变更。

双方办理变更，洽商后，乙方按甲方代表要求，进行下列变更：

1）增减合同中的约定工程数量；

2）更改有关工程的性质、质量、规格；

3）更改有关部分的标高、基线、位置和尺寸；

4）增加工程需要的附加工作；

5）改变有关工程的施工时间和顺序。

因以上变更导致的经济支出和乙方损失，由甲方承担，延误的工期相应顺延。

（2）确定变更价款

承包人在工程变更确定后 14 天内，提出变更工程价款的报告，经甲方或工程师确认后调整合同价款。变更合同价款按下列方法进行：

1）合同中已有适用于变更工程的价格，按合同已有的价格计算，变更合同价款；

2）合同中只有类似于变更情况的价格，可以此作为基础确定变更价格，变更合同价款；

3）合同中没有类似和适用的价格，由乙方提出适当的变更价格，送甲方代表批准执行。

因承包人自身原因导致的工程变更，承包人无权要求追加合同价款。

课题 4 装饰装修工程项目合同纠纷的处理

在装饰装修工程项目实施过程中，经常发生各种纠纷，有一些纠纷可以按照合同来解决，另一些纠纷可能在合同中没有详细规定，或是虽有规定而双方理解不一致而造成的。对于装饰装修工程项目合同纠纷的处理，通常有协商、调解、仲裁和诉讼四种方式。

（1）协商

协商解决是指合同当事人在自愿互相谅解的基础上，按照法律和行政的规定，通过摆事实、讲道理解决纠纷的一种方法。自愿、平等、合法是协商解决的基本原则。这是解决合同纠纷最简单的一种方式。

（2）调解

调解是在第三者主持下，通过劝说引导，在互谅互让的基础上达成协议，解决争端的一种方式。按照调解人的不同，调解可以分为民间调解、行政调解、仲裁调解和法院调解。在装饰装修工程项目中一般可通过监理工程师调解，也可以向协议条款约定的单位或人员要求调解。

（3）仲裁

当合同双方的争端经过监理工程师的决定、双方协商和中间人调解等办法，仍得不到解决时，可以向有管辖权的经济合同仲裁机构提请仲裁，由仲裁机构作出具有法律约束力的裁决行为。

（4）诉讼

凡是合同中没有订立仲裁条款，事后也没有达成书面仲裁协议的，当事人可以向法院提起诉讼，由法院根据有关法律条文作出判决。

发生争议后，除出现下列情况的，双方都应继续履行合同，保持施工连续，保护好已完工程。

1）合同确已无法履行；

2）双方协议停止施工；

3）调解要求停止施工，且为双方接受；

4）仲裁机关要求停止施工；

5）法院要求停止施工。

除非双方协议将合同终止，或因一方违约使合同无法履行，违约方承担上述违约责任后仍应继续履行合同。因一方违约使合同不能履行，另一方欲中止或解除全部合同，应提前 10 天通知违约方后，方可中止或解除合同，由违约方承担违约责任。

思考题与习题

1. 装饰装修工程项目合同的内容是怎样组成的？

2. 装饰装修工程项目合同订立、履行的原则是什么？

3. 在履行合同前应主要分析合同的哪些内容？

4. 合同变更的原因有哪些？

5. 装饰装修工程项目合同履行中产生纠纷后处理的方式有哪些？

单元 5　装饰装修工程项目质量控制

知 识 点：质量、质量控制、质量管理体系、质量控制实施、质量验收标准等。

教学目标：通过学习本单元，结合建筑装饰装修工程的特点，重点掌握质量的基本概念、八项质量管理原则、施工质量控制、质量控制的方法、建筑工程质量验收标准等，达到解决装饰装修工程质量问题的目的。

课题 1　装饰装修工程项目质量管理概述

1.1　概　　述

1.1.1　关于质量的概念

（1）质量

质量的定义是"一组固有特性满足要求的程度"（ISO 9000—2000）。

1）术语"质量"可使用形容词如差、好和优秀来修饰。

2）"固有的"（其反义是"赋予的"），就是指存在于某事或某物中的，尤其是那种永久的特性。

3）质量的新概念相对于 ISO 8402—1994 的术语更能直接地表述质量的属性，并简练而完整地明确了质量的内涵。虽然它对质量的载体不作界定，但这正说明质量可以存在于各个领域或任何事物之中。

4）顾客和其他相关方对产品、体系或过程的质量要求是动态的、发展的和相对的，它将随着时间、地点、环境的变化而变化。

（2）产品质量

产品被定义为"过程的结果"（ISO 9000—2000）。过程被定义为"一组将输入转化为输出的相互关联或相互作用的活动"。所以，"产品"就是一组将输入转化为输出的相互关联或相互作用的活动的结果。

产品包括服务（如运输）、软件（如计算机程序、字典）、硬件（如发动机、机械零件）、流程性材料（如润滑油、冷却液）或它们的组合。产品可分为有形产品和无形产品。有形产品是经过加工的成品、半成品、零部件，如建筑物、设备、预制构件、施工机械、各种原材料；无形产品包括各种形式的服务（如维修、咨询、商贸、运输、餐饮等业务）及知识产物（如程序、概念、计算机软件、图纸资料等）。

产品质量是指产品固有特性满足人们在生产及生活中所需的使用价值及要求的属性。它们体现为产品的内在和外观的各种质量指标。根据质量的定义，可以从两方面理解产品的质量。第一，产品质量的好坏优劣，是根据产品所具备的质量特性能否满足人们需要及满足程度来衡量的。一般来说，有形产品的质量特性主要包括性能、质量标准、寿命、可靠性、安全性、经济性等；无形产品的质量特性强调服务及时、准确、圆满与友好等。第二，产品质量具有相对性。一方面，对有关产品所规定的标准、性能及要求等因时而异，会随时间、条件而变化；另一方面，满足期望的程度也由于用户要求程度不同，因人而异。

（3）工作质量

工程质量是指参与工程建设者，为了保证工程项目质量所从事工作的水平和完善程度。工作质量包括：社会工作质量，如社会调查、市场预测、质量回访和保修服务等；生产过程工作质量，如政治工作质量、管理工作质量、技术工作质量和后勤工作质量等。工程项目质量依赖于工作质量，而工作质量能保证工程项目质量。工程项目质量的好坏是决策、计划、勘察、设计、施工等单位各方面、各环节工作质量的综合反映，而不是单纯靠质量检验检查出来的。要保证工程项目的质量，就要求有关部门和人员精心工作，对决定和影响工程质量的所有因素严加控制，即通过提高工作质量来保证和提高工程项目的质量。

（4）工程项目（产品）质量

工程项目质量是国家现行的有关法律、法规、技术标准、设计文件及工程合同中对工程的安全、使用、经济、美观等特性的综合要求。工程项目一般都是按照合同条件承包建设的，因此，工程项目质量是在"合同环境"下形成的。合同条件中对工程项目的功能、使用价值及设计、施工质量等的明确规定都是业主的"需要"，因而都是质量的内容。

从功能和使用价值来看，工程项目质量又体现在适用性、可靠性、经济性、外观质量与环境协调等方面。由于工程项目是根据业主的要求而兴建的，不同的业主也就有不同的功能要求，所以，工程项目的功能与使用价值的质量是相对于业主的需要而言，并无一个固定和统一的标准。

任何工程项目都是由分项工程、分部工程和单位工程所组成，而工程项目的建设，则是通过一道道工序来完成，是在工序中创造的。所以，工程项目质量包括工序质量、分项工程质量、分部工程质量和单位工程质量。

工程项目质量不仅包括活动或过程的结果，还包括活动或过程本身，即还要包括生产产品的全过程。因此，工程项目质量应包括如下工程项目各个阶段的质量及其相应的工作质量：

1）工程项目决策质量；

2）工程项目设计质量；

3）工程项目施工质量；

4）工程项目回访保修质量。

各个阶段的质量内涵可以概括为表 5-1。

工程项目各个阶段质量内涵 表 5-1

工程项目质量 形成的各阶段	工程项目质量 在各阶段的内涵	合同环境下满足需要的 主要规定
决策阶段	1. 可行性研究 2. 工程项目投资决策	国家的发展规划或业主的需求

工程项目质量形成的各阶段	工程项目质量在各阶段的内涵	合同环境下满足需要的主要规定
设计阶段	1. 功能、使用价值的满足程度 2. 工程设计的安全、可靠性 3. 自然及社会环境的适应性 4. 工程概（预）算的适应性 5. 设计进度的时间性	工程建设勘察、设计合同及有关法律、法规
施工阶段	1. 功能、使用价值的实现程度 2. 工程的安全、可靠性 3. 自然及社会环境的适应性 4. 工程造价的控制状况 5. 施工进度的时间性	工程建设施工合同及有关法律、法规
保修阶段	保持或恢复原使用功能的能力	工程建设施工合同及有关法律、法规

（5）建筑装饰装修工程项目质量

建筑装饰装修是指为保护建筑物的主体结构、完善建筑物的使用功能和美化建筑物，采用装饰装修材料或饰物，对建筑物的内外表面及空间所进行的各种处理过程。建筑装饰装修工程是建筑工程的重要组成部分。作为建筑产品，尤其是房屋建筑产品，既是物质产品，又是文化艺术产品。建筑装饰装修工程项目质量，是指在建筑物主体的基础上，满足人们进一步的需要，既要保护建筑物各种构件免受自然界风、霜、雪、雨、大气等的侵蚀，增强构件的保温、隔声、防潮、防腐蚀等的能力，提高构件的耐久性，延长建筑物的使用寿命，又要改善室内环境，使建筑物清新、整洁、明亮、美观，并具有文化艺术内涵，给人以舒适、温馨、愉快之感，为人们创造良好的生活、生产和工作环境。

建筑装饰装修工程项目质量除了具有工程项目质量的单一性、过程性、重要性、综合性等特性以外，还有如下的特性：

1）功能特性。建筑装饰装修工程包括了空调、灯具、消防、音响、卫生设备的装饰等。这些功能要求设备、器具灵敏，供水供电系统运行正常等。

2）感官特性。建筑装饰装修工程质量评定标准中的许多指标是通过感官特性来进行评定的，感官质量总的要求是：点要匀、线要直、面要平。

3）实效特性。主要指建筑装饰装修工程的耐久性，即要保证在一定的时间内质量稳定，不出现瓷砖脱落，天花板塌陷，油漆起皮，壁纸开裂等现象。

综上所述，出现在我们面前的质量是一个广义概念，以建筑装饰装修工程为例，其产品（项目）质量的广义概念可归纳如图5-1所示。

1.1.2 装饰装修工程项目质量控制的概念

质量控制被定义为"质量管理的一部分，致力于满足质量要求"（ISO 9000—2000）。

装饰装修工程项目质量控制是指具有装饰装修工程项目的企业为了保证工程质量，组织全体人员，综合运用各种技术和方法，经济合理地对工程的功能和观感质量等所进行的计划、组织、协调、控制、检查、处理等一系列的活动，即对工程质量所进行的全过程的管理，它是装饰装修工程项目管理的重要组成部分。

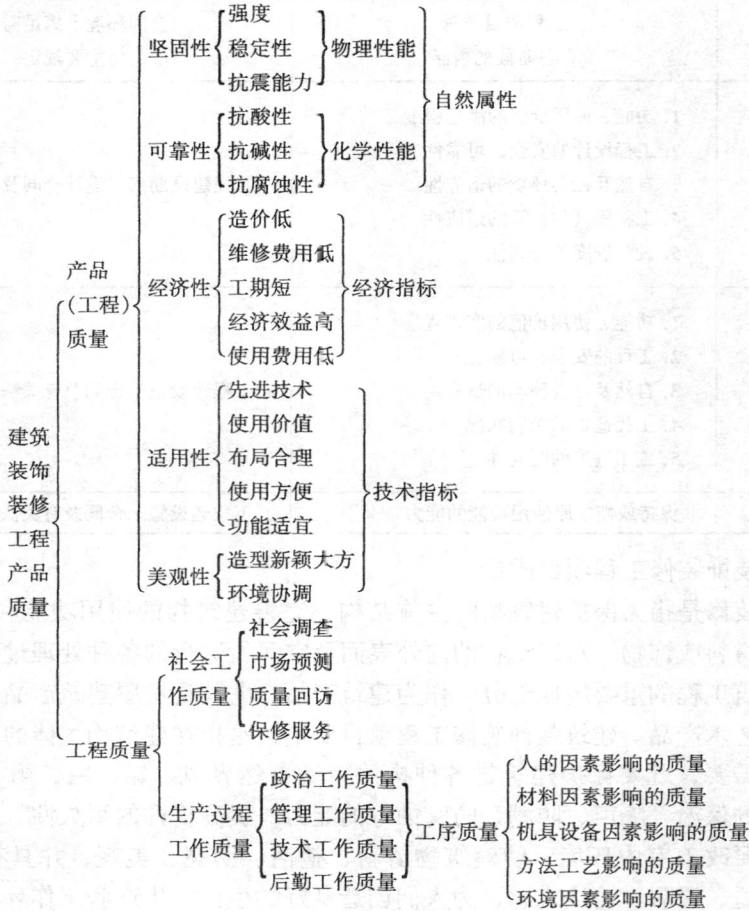

建筑装饰装修工程产品质量
- 产品（工程）质量
  - 坚固性｛强度、稳定性、抗震能力｝物理性能 ┐
  - 可靠性｛抗酸性、抗碱性、抗腐蚀性｝化学性能 ┘ 自然属性
  - 经济性｛造价低、维修费用低、工期短、经济效益高、使用费用低｝经济指标
  - 适用性｛先进技术、使用价值、布局合理、使用方便、功能适宜｝技术指标
  - 美观性｛造型新颖大方、环境协调｝
- 工程质量
  - 社会工作质量｛社会调查、市场预测、质量回访、保修服务｝
  - 生产过程工作质量｛政治工作质量、管理工作质量、技术工作质量、后勤工作质量｝工序质量｛人的因素影响的质量、材料因素影响的质量、机具设备因素影响的质量、方法工艺影响的质量、环境因素影响的质量｝

图 5-1　质量的内容

工程项目质量要求主要表现为工程合同、设计文件、技术规范规定的质量标准。因此，工程项目质量控制就是为了保证达到工程合同规定的质量标准而采取的一系列检测、监控措施、手段和方法。

工程项目质量控制按其实施者不同，包括四个方面：

（1）业主的质量控制

业主的质量控制的目的在于保证工程项目能够达到规定的质量要求。其控制依据除国家制定的法律法规外，主要是合同文件、设计图纸。其特点是外部的、横向的控制。

（2）监理的质量控制

工程建设监理的质量控制是指监理单位受业主委托，为保证工程合同规定的质量标准而对工程项目进行的质量控制。其目的在于保证工程项目能够按照工程合同规定的质量要求达到业主的建设意图，取得良好的投资效益。其控制依据是国家制定的法律法规、合同文件和设计图纸。其特点是外部的、横向的控制。

（3）政府监督机构的质量控制

政府监督机构的质量控制是根据有关法律法规和技术标准，对所属范围内的工程质量进行监督检查。其目的在于维护社会公共利益，保护技术性法规和标准的贯彻实施。其控制依据是有关的法定文件和技术标准。其特点是外部的、纵向的控制。

（4）承包商方面的质量控制

承包商方面的质量控制主要是施工阶段的质量控制，这是工程项目全过程质量控制的关键环节。其中心任务是通过建立健全有效的质量监督工作体系来确保工程质量达到合同规定的标准和等级要求。其特点是内部的、自身的控制。

1.1.3 装饰装修工程项目质量控制的发展历程

装饰装修工程项目质量控制作为装饰装修工程项目管理的有机组成部分，它的发展也是随着项目管理的发展而发展，其产生、形成、发展和日趋完善的过程大体经历了以下几个阶段。

（1）质量检验阶段

质量检验阶段是通过设立质量检验部门，对装饰装修工程项目的质量进行检验，把"操作者的质量控制"变成了"检验员的质量控制"，但这种检验属"事后检验"，其控制效能有限。

（2）统计质量控制阶段

统计质量控制阶段是采用统计质量控制图，了解质量变动的先兆，进行预防，使不合格产品率大为下降，对保证产品质量收到了较好的效果。这种用数理统计方法来控制生产过程影响质量的因素，把单纯的质量检验变成了过程管理，使质量控制从"事后"转到了"事中"，比单纯的质量检验进了一大步。

（3）全面质量控制阶段

全面质量控制阶段的特点是针对不同的生产条件、工作环境及工作状态等多方面因素的变化，把组织管理、数理统计方法及现代科学技术、社会心理学、行为科学等综合运用于质量控制，建立适用和完善的质量管理体系，对每一个生产环节进行管理，做到全面运行和控制。其基本核心是强调提高人的工作质量，保证工序质量，以工序质量保证工程质量。全面质量控制的特点是：把事后检验为主，变为预防、改进为主。

（4）ISO 9000 系列质量管理与质量保证标准的形成

质量管理与质量保证的概念和理论是在质量管理发展的三个阶段的基础上，逐步形成的，是市场经济和社会化大生产发展的产物，是与现代生产规模、条件相适应的质量管理工作模式。因此，ISO 9000 系列标准的诞生，适应了消费者的需求，为生产方提供了当代企业寻求发展的途径，有利于一个国家对企业的规范化管理，更有利于国际间贸易和生产合作。它的诞生顺应了国际经济发展的形势，适应了企业和顾客及其他受益者的需要，因而它的诞生具有必然性。

1.1.4 装饰装修工程项目质量控制的内容

（1）根据政府和行业的质量管理规定，结合具体工程制定质量计划和质量标准

政府和行业的质量管理规定包括：国家和上级有关质量管理工作的方针政策、质量管理和质量保证标准，行业颁布的技术标准、规范、规程和各项质量管理制度。

（2）编制并组织实施装饰装修工程项目质量计划

装饰装修工程项目质量计划是针对装饰装修工程项目实施质量管理的文件，它包括以

下内容：

1）确定装饰装修工程项目的质量目标；

2）明确装饰装修工程项目领导成员和职能部门的职责、权限；

3）确定装饰装修工程项目建设各阶段质量管理的要求；

4）对质量手册、程序文件或管理制度中没有明确的内容作出具体规定；

5）施工全过程应形成的施工技术资料。

（3）运用全面质量管理的思想和方法，实行工程项目质量控制

确定质量管理点，组成质量管理小组，进行 PDCA 循环，即计划、执行、检查、处理，不断克服质量的薄弱环节，以推动工程质量的提高。

（4）进行装饰装修工程项目质量检查

贯彻群众自检和专职检查相结合的方法，组织班组进行自检活动，作好自检数据的积累和分析工作。

（5）组织工程质量的检验评定工作

按照国家施工及验收规范、建筑安装工程质量检验标准和设计图纸，对装饰装修工程进行质量检验评定。

（6）进行装饰装修工程的回访工作

工程交付使用后，要进行回访，听取用户意见，并检查工程质量的变化情况，及时收集质量信息，对由于施工不善造成的质量问题进行认真处理。系统地总结工程质量的薄弱环节，采取相应地纠正措施和预防措施，克服质量通病，不断提高工程质量水平。

1.1.5 装饰装修工程项目质量控制的原则

在进行装饰装修工程项目质量控制过程中，应遵循以下原则：

（1）坚持质量第一的原则

建筑产品作为一种特殊的商品，使用年限较长，是"百年大计"，直接关系到人民生命财产的安全。所以，工程项目在施工中应自始至终把"质量第一"作为质量控制的基本方针。

（2）坚持以人为核心的原则

人是质量的创造者，质量控制必须"以人为核心"，把人作为质量控制的动力，发挥人的积极性、创造性；处理好业主、承包单位等各方面的关系，增强人的责任感，树立"质量第一"的思想；提高人的素质，避免人的失误；以人的工作质量保证工序质量、保证工程质量。

（3）坚持以预防为主的原则

预防为主是指要重点做好质量的事前控制、事中控制，同时对工作质量、工序质量和中间产品质量进行严格检查，这是确保工程质量的有效措施。

（4）坚持质量标准，严格检查，一切用数据说话

质量标准是评价产品质量的尺度，数据是质量控制的基础和依据。产品质量是否符合质量标准，必须通过严格检查，用数据说话。

（5）贯彻科学、公正、守法的职业规范

建筑施工企业的项目经理，在处理质量问题过程中，应尊重客观事实，尊重科学，正直、公正、不持偏见；遵纪守法，杜绝不正之风，既要坚持原则、严格要求、秉公办事，

又要谦虚谨慎、实事求是、以理服人、热情帮助。

课题 2　装饰装修工程项目质量管理体系

2.1　装饰装修工程项目质量管理体系

2.1.1　质量管理体系标准的产生和发展

国际标准化组织（ISO）于 1979 年成立了质量管理和质量保证技术委员会（TC176），负责制定质量管理和质量保证标准。该组织在 1986 年发布了 ISO 8402《质量——术语》，在 1987 年又发布了 ISO 9000《质量管理和质量保证标准——选择和使用指南》、ISO 9001《质量体系——设计、开发、生产、安装和服务的质量保证模式》、ISO 9002《质量体系——生产和安装的质量保证模式》、ISO 9003《质量体系——最终检验和试验的质量保证模式》、ISO 9004《质量管理和质量体系要素——指南》，这六项国际标准，即"ISO 9000系列标准"，也称 1987 版 ISO 9000 系列国际标准。

为了使 1987 版的 ISO 9000 系列标准更加协调和完善，ISO/TC176 质量管理和质量保证技术委员会于 1990 年决定对标准进行修订，提出了 20 世纪 90 年代国际质量标准的实施战略，其目标是"要让全世界都接受和使用 ISO 9000 族标准"。1994 年修改出版了 ISO 9000族标准，为了提高标准使用者的竞争力，促进组织内部工作的持续改进，并使标准适合各种规模（尤其是中小企业）和各种类型（包括服务业和软件业）组织的需要，以适应科学技术和社会经济的发展。

1994 版 ISO 9000 族标准在实施过程中，很多国家反映在实际应用中具有一定的局限性，国际标准化组织在广泛征求世界各国标准使用者的意见，了解顾客对标准修订的要求，并吸纳国际上最受尊重的一批质量管理专家的意见后，1997 年 ISO/TC176 再次对 1994版 ISO 9000 族标准进行了修改，并于 2000 年 12 月 15 日正式发布了新版的 ISO 9000 族标准，统称为 2000 版 ISO 9000 族标准。

2.1.2　2000 版 ISO 9000 族标准构成和特点

（1）2000 版 ISO 9000 族标准中核心标准的构成是：

1）ISO 9000：2000《质量管理体系——基础和术语》，此标准表述了 ISO 9000 族标准中质量管理体系的基础知识，明确了质量管理的八项原则，是组织改进其业绩的框架，能帮助组织获得持续成功，也是 ISO 9000 族质量管理体系标准的基础。标准给出了有关质量的术语，共 80 个词汇，分成 10 部分。用通俗的语言阐明了质量管理领域所用术语的概念。

2）ISO 9001：2000《质量管理体系——要求》，此标准规定了对质量管理体系的要求，供组织需要证实其具有稳定地提供满足顾客要求和适用法律法规要求产品的能力时应用，组织通过体系的有效应用，包括持续改进体系的过程及确保符合顾客与适用法规的要求，以增强顾客满意。标准取代了 1994 版 ISO 9001、ISO 9002、ISO 9003 三个质量模式，成为用于审核和第三方认证的惟一标准，它用于内部和外部评价组织提供满足组织自身要求以及顾客、法律法规要求的产品能力。

标准应用了以过程为基础的质量管理体系模式的结构，鼓励组织在建立、实施和改进质量管理体系及提高其有效性时，采用过程方法，通过满足顾客要求，增强顾客满意程度。ISO 9001 标准重点规定了质量管理体系和要求，可供组织作为内部审核的依据，也可用于认证或合同的目的，在满足顾客要求方面 ISO 9001 所关注的是质量管理的有效性。

3）ISO 9004：2000《质量管理体系——业绩改进指南》，此标准以八项质量管理原则为基础，帮助组织用有效和高效的方式识别并满足顾客和其他有关方的需求和期望，实现、保持和改善组织的整体业绩，从而使组织取得成功。

该标准提供了超出 ISO 9001 要求的指南和建议，不用于认证或合同的目的，也不是 ISO 9001 的实施指南，标准应用了以过程为基础的质量管理体系模式的结构，鼓励组织在建立、实施质量管理体系时提高其有效性和效率，采用过程方法，以便通过满足相关方要求来提高相关方的满意程度。同时该标准将顾客满意和产品质量符合要求的目标扩展为包括相关方满意和改善组织业绩，为希望通过追求业绩持续改进的组织推荐了指南。

4）ISO 19011：2000《质量和环境管理体系——审核指南》，该标准对于质量管理体系和环境管理体系审核的基础原则、审核方案的管理、环境和质量管理体系审核的实施以及对环境和质量管理体系审核员的资格要求提供了指南，它适用于所有运行质量和环境管理体系的组织，指导其内审和外审的管理工作。

（2）2000 版 ISO 9000 族标准的特点是：

1）标准可适用于所有产品类别、不同规模和各种类别的组织；

2）采用了以过程为基础的质量管理体系模式，强调了过程的相互联系和相互作用，逻辑性强，相关性好；

3）强调了质量管理体系是组织管理体系的一个组成部分，便于与其他管理体系相容，如财务管理、人力资源管理、环境管理、职业安全管理等；

4）更注重质量管理体系的有效性和持续改进，减少了对形成文件程序的强制性要求；

5）将质量管理体系要求和质量管理体系业绩改进指南这两个标准作为协调一致的标准使用。

2.1.3　八项质量管理原则

在 2000 版 ISO 9000 族标准中增加了八项质量管理原则，这是在近年来质量管理理论和实践的基础上提出来的，用高度概括又易于理解的语言对八项质量管理原则作了清晰的表述。它是质量管理的最基本最通用的一般规律，适用于所有产品类别和组织，是质量管理的理论基础。八项质量管理原则充分体现了管理科学的原则和思想，是组织的领导者做好质量管理工作必须遵循的准则。八项质量管理原则已成为改进组织业绩的框架，可帮助组织达到持续成功。

（1）以顾客为关注焦点

组织依存于其顾客。因此，组织应理解顾客当前和未来的需求，满足顾客的要求并争取超过顾客的期望。

组织贯彻实施以顾客为关注焦点的质量原则，有助于掌握市场动向，提高市场占有率，提高企业经营效益。以顾客为中心不仅可以稳定老顾客、吸引新顾客，而且可以招来回头客。

（2）领导作用

强调领导作用的原则，是因为质量管理体系是最高管理者推动的，质量方针和目标是领导组织策划的，组织机构和职能分配是领导确定的，资源配置和管理是领导决定安排的，顾客和相关方要求上级领导确认的，企业环境和技术进步、质量体系改进和提高是领导决策的。所以，领导者应将本组织的宗旨、方向和内部环境统一起来，并创造使员工能够充分参与实现组织目标的环境。

（3）全员参与

各级人员都是组织之本，只有他们的充分参与，才能使他们的才干为组织带来收益。人是管理活动的主体，也是管理活动的客体。质量管理是通过组织内各职能各层次人员参与产品实现过程及支持过程来实施的，全员的主动参与极为重要。

（4）过程方法

过程方法是将活动和相关的资源作为过程进行管理，可以更高效地得到期望的结果。因为过程概念反映了从输入到输出具有完整的质量概念，过程管理强调活动与资源结合，具有投入产出的概念。过程概念体现了用 PDCA 循环改进质量活动的思想。过程管理有利于适时进行测量保证上下工序的质量。通过过程管理可以降低成本、缩短周期，从而可更高效地获得预期效果。

（5）管理的系统方法

管理的系统方法是将相互关联的过程作为系统加以识别、理解和管理，有助于组织提高实现目标的有效性和效率。

系统方法包括系统分析、系统工程和系统管理三大环节。系统分析是利用数据、资料或客观事实，确定要达到的优化目标；然后通过系统工程，设计或策划为达到目标而采取的措施和步骤，以及进行资源配置；最后在实施中通过系统管理而取得高有效性和高效率。

在质量管理中采用系统方法，就是要把质量管理体系作为一个大系统，对组成质量管理体系的各个过程加以识别、理解和管理，以实现质量方针和质量目标。

（6）持续改进

持续改进是组织永恒的追求、永恒的目标、永恒的活动。为了满足顾客和其他相关方对质量更高期望的要求，为了赢得竞争的优势，必须不断地改进和提高产品及服务的质量。

（7）基于事实的决策方法

有效的决策是建立在数据和信息分析的基础上，决策是一个在行动之前选择最佳行动方案的过程。作为过程就应有信息或数据输入，输入信息和数据足够可靠，能准确地反映事实，则为决策方案奠定了重要的基础。

（8）与供方互利的关系

供方是产品和服务供应链上的第一环节，供方的过程是质量形成过程的组成部分。组织与供方是相互依存、互惠互利的关系，可增强双方创造价值的能力。任何一个组织都有其供方和合作伙伴，供方或合作伙伴所提供的材料、零部件或服务，对组织的最终产品有着重要的影响。能为顾客提供高质量的产品，最终会确保顾客满意，因而合作会越来越好，双方都会获得效益。

2.1.4　质量管理体系基础

ISO 9000：2000（2000 版 GB/T 19000）提出了质量管理体系的 12 条基础，是八项质量管理原则在质量管理体系中的具体应用。

（1）质量管理体系的理论说明

主要是阐明质量管理体系的作用：

1）说明质量管理体系的目的就是要帮助组织增强顾客满意度。顾客满意度程度可以作为衡量一个质量管理体系有效性的总指标。

2）说明顾客对组织的重要性。组织依存于顾客，在质量管理八项原则中已经阐明。顾客要求组织提供的产品能够满足他们的需求和期望，这就要求组织对顾客的需求和期望进行整理、分析、归纳和转化为产品特性，并体现在产品技术标准和技术规范中。产品是否被接受，最终取决于顾客，可见顾客意见的重要。

3）说明顾客对组织持续改进的影响。由于顾客的需求和期望是不断变化的，这就促使组织持续改进其产品和过程，这也充分体现了顾客是组织持续改进的推动力之一。

4）说明质量管理体系的重要作用。质量管理体系能够帮助组织识别和分析顾客的需求和期望，并能将顾客的需求和期望转化为顾客的要求，并生产出顾客可以接受的产品。质量管理体系也能够推动持续改进，以此提高质量管理体系的有效性和效率，提高顾客的满意度，还能够不断地提高组织的经营业绩。

（2）质量管理体系要求和产品要求

质量管理体系的要求是通用的，适用于所有行业或经济领域的各种产品类别，包括硬件、软件、服务和流程性材料；适用于各种行业或经济部门；也适用于各种规模（大、中、小型）的组织。

产品要求是指产品标准、技术规范、合同条款或法律、法规等的规定。产品要求是各种各样和千差万别的，只适用于某种具体的产品。

这两种要求是有区别的，这一点非常重要，不能以为建立和实施了质量管理体系就意味着产品的要求得到了满足，或意味着产品等级的提高，只能说质量管理体系的建立和实施有助于实现产品要求。对一个组织来说，两者缺一不可，不能相互取代，只能相辅相成。

（3）质量管理体系方法

这是八项质量管理原则中"管理的系统方法"的具体体现，它包括八个步骤，即：

1）确定顾客的需求和期望；

2）建立组织的质量方针和质量目标；

3）确定实施质量目标的过程和职责；

4）确定和提供实现质量目标必须的资源；

5）规定测量每个过程的有效性和效率的方法；

6）应用这些方法确定每个过程的有效性和效率；

7）确定防止不合格并消除产生原因的措施；

8）建立和应用持续改进质量管理体系的过程。

质量管理体系方法不仅适用于建立和实施新的质量管理体系；也适用于保持和改进现有的质量管理体系，以帮助组织在过程能力和产品可靠性方面建立信任，为持续改进创造条件，以提高顾客满意程度。这八个步骤也符合 PDCA 循环的方法。

（4）过程方法

这是八项质量管理原则中"过程方法"的具体体现。任何活动都可看成是由一组将输入转化为输出的相互关联或相互作用的活动。过程方法就是系统识别和管理组织所应用的过程，特别是这些过程之间的相互作用，在 2000 版 GB/T 19000—ISO 9000 中给出了一个过程方法模式（图 5-2）。

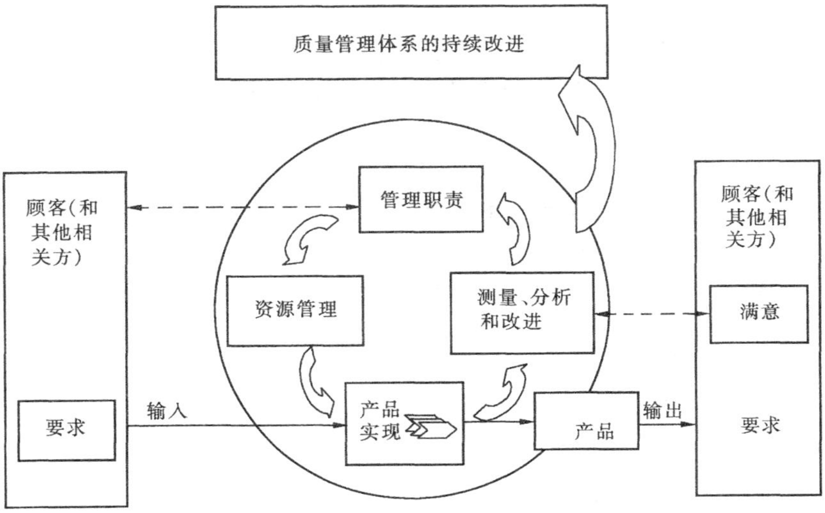

图 5-2 过程方法模式
→—增值活动；←‑‑‑‑→信息流

从图 5-2 中可以看出，质量管理体系的四大过程"管理职责"、"资源管理"、"产品实现"和"测量、分析和改进"彼此相连，最后通过体系和持续改进而进入更高的阶段。从图中可以看出，顾客（及其他相关方）的要求形成产品实现过程的输入，而产品实现过程的输出是最终产品。将产品交付给顾客后，顾客将对其满意程度的意见反馈给组织的测量、分析和改进过程，并作为持续改进的一个依据。

（5）质量方针和质量目标

质量方针是由组织的最高管理者正式发布的该组织总的质量宗旨和方向。

质量目标是指组织在质量方面所追求的目的。

建立质量方针和质量目标的目的就在于为组织提供一个关注的焦点，就是一个组织的与质量有关的总的意图与方向，与质量有关的追求与目的。

质量方针是组织总方针的一部分，应与总方针协调一致。八项质量管理原则是制定质量方针的基础；质量方针应体现八项质量管理原则的精神。

质量目标应建立在质量方针的基础上，并分解到适当的层次上。在作业上的质量目标应是定量的。

建立质量方针和质量目标的意义在于能够使组织统一认识统一行动，引导质量活动和评价活动的结果，使顾客满意和组织取得成功。

（6）最高管理者的作用

这是八项质量管理原则中"领导作用"的具体体现。领导作用在于将本组织的宗旨、方向和内部环境统一起来，并创造使员工能够充分参与实现这些宗旨和方向的机会与环境，为此，最高领导应做到：

1）确定并保持组织的质量方针和质量目标；

2）通过增强员工意识、积极性和参与程度，在整个组织内促进质量方针和质量目标的实现；

3）确保整个组织关注顾客要求；

4）确保实施适宜的过程以满足顾客和其他相关方要求并实现质量目标；

5）确保建立、实施和保持有效的质量管理体系以实现这些质量目标；

6）确保获得必要资源；

7）定期评审质量管理体系；

8）决定有关质量方针和质量目标的措施；

9）决定改进质量管理体系的措施。

为了充分发挥最高管理者的作用，应对某些组织最高管理者进行必要的培训，使其明确应该发挥什么作用，如何发挥作用。

（7）文件

文件就是"信息及其承载媒体"，能起到沟通意图和统一行动的作用。文件的价值有助于：

1）满足顾客要求和质量改进；

2）提供适宜的培训；

3）重复性和可追溯性；

4）提供客观证据；

5）评价质量管理体系的有效性和持续适宜性。

文件化的质量管理体系包括建立和实施两个方面，建立文件化的质量管理体系只是开始，只有通过实施文件化的质量管理体系才能变成增值活动。

质量管理体系的文件共有六种：

1）质量手册，即"规定组织质量管理体系的文件"，也是向组织内部和外部提供关于质量管理体系的一致信息。

2）质量计划，即"对特定的项目、产品、过程或合同，规定由谁及何时应使用哪些程序和相关资源的文件"。

3）规范，即"阐明要求的文件"。

4）指南，即阐明推荐的方法或建议的文件。

5）程序、作业指导书和图样，这些都是提供如何一致地完成活动和过程的信息的文件。

6）记录，即"阐明所取得的结果或提供所完成活动的证据的文件"。

（8）质量管理体系评价

1）质量管理体系过程评价。

①质量管理体系中的过程是否已经被识别并确定相互关系？

②质量管理体系中过程的职责是否已经被分配？

③质量管理体系中过程的程序是否已经实施和保持？

④质量管理体系中在实现所要求的结果方面，过程是否有效？

2）质量管理体系审核。

审核就是"为获得审核证据并对其进行客观的评价，以确定满足审核准则的程度所进行的系统的独立的并形成文件的过程"。

质量体系审核时，应按 GB/T 19000—ISO 9000 标准、质量手册、程序以及适用的法规等进行。

审核的内容：质量管理体系运行的符合性和有效性。

审核的作用：寻求改进机会。

体系审核有第一方审核、第二方审核和第三方审核三种类型。

第一方审核由组织或以组织的名义进行，用于内部审核，自我判断是否合格；

第二方审核由顾客或以顾客的名义进行，用于外部审核，由顾客判断是否合格；

第三方审核由认可的机构或组织进行，用于外部审核，由第三方判断是否合格，并进行认证和注册。

3）质量管理体系评审。

质量管理体系评审就是管理评审。

管理评审的主体是最高管理者。

管理评审的内容是质量管理体系对质量方针和质量目标的适宜性、有效性和效率。

管理评审的频次，一般来说是定期的，并且是系统的。

管理评审结果，如果相关方的需求和期望有所变化，应考虑质量方针和质量目标进行适当地修改，并确定是否需要采取必要的改进措施。

管理评审中的输入，也就是信息源，主要是审核报告。

4）自我评定。

自我评定是参照质量管理体系或优秀管理模式对组织的活动和结果所进行的全面的和系统的评审，也是一种第一方的自我评价。

自我评价的结果用于评价组织的业绩和质量管理体系成熟程度，识别需要改进的领域和确定优先开展的事项。

（9）持续改进

这是八项管理原则中"持续改进"的具体体现。改进包括产品的改进和活动的改进，以至质量管理体系的改进。改进活动包括：

1）分析和评价现状，以识别改进的区域；

2）确定改进目标；

3）寻求可能的解决的办法以实现这些目标；

4）评价这些解决办法并作出选择；

5）实施决定的解决办法；

6）测量验证、分析和评价实施的结果以确定这些目标已经实现；

7）正式采纳更改（即形成正式的规定）；

8）必要时，对结果进行评审，以确定进一步改进的机会。

改进是一种持续活动，持续意味着渐进地和不断地进行。改进不仅应注意重大的技术革新和设备改造，更应重视日常的小改革和合理化建议等的作用。开展 QC（质量管理）小组活动是实现持续改进的重要形式。

（10）统计技术的作用

统计技术的作用在于以下两方面：

1）统计技术可以帮助组织了解变异。这种变异可通过产品和活动的可测量特性观察到，通过统计收集数据，经整理分析，便可了解变化的规律和原因，有助于组织解决问题和提高有效性和效率。

2）统计技术有助于组织更好地利用所获得的数据进行基于事实的决策，并促使持续改进。

（11）质量管理体系与其他管理体系的关注点

任何组织的管理体系均由多个部分组成，如财务管理体系、质量管理体系、环境管理体系、职业安全与卫生管理体系等。每一部分管理体系都有自己的目标，这些目标也构成了组织的总的管理目标。每一部分管理体系都致力于使与其目标相关的结果满足相关方的需求、期望和要求。

质量管理体系是组织管理体系的一部分。质量管理体系致力于使与质量目标有关的结果适当地满足顾客及其他相关方的需求、期望和要求。

其他管理体系的目标可以是与增长、资金、利润、环境、安全等有关的目标。例如财务管理体系所关注的目标是资金和利润，环境管理体系所关注的目标是环境等。

质量管理体系可与其他管理体系融合为一个使用共同要素的管理体系，使质量目标与其他目标相互补充，共同组成组织的总目标。

（12）质量管理体系与优秀模式之间的关系

所谓组织优秀管理模式是指国际上一些先进国家的著名的管理模式。例如美国的鲍德里奇奖、日本的戴明奖或国家质量管理奖等质量管理模式，也有一些企业自己建立的质量管理模式。

1）ISO 9000族标准提出的质量管理体系和优秀模式之间的相同点是：

①使组织能够识别它的强项与弱项；

②包含对照通用模式进行评价的规定；

③为持续改进提供基础；

④包含外部承认的规定。

2）两者之间的不同点是：

①应用范围不同。质量管理体系评价确定其是否满足要求。而优秀管理模式包括能够定量评价组织业绩的准则，并且能够适用于组织的全部活动和所有的相关方。

②评价方法不同。质量管理体系的评价方法有质量体系审核、管理体系评审或自我评定等，而优秀模式评定准则允许使用水平对比法。

课题3 装饰装修工程项目质量控制实施

3.1 装饰装修工程项目质量控制实施

3.1.1 装饰装修工程项目工程建设各阶段对质量形成的影响

工程项目的质量是在生产过程中的各个阶段逐步形成的，不同阶段对项目质量的形成起不同的影响和作用。

（1）可行性研究阶段

确定质量目标与水平的依据，直接影响项目决策质量和设计质量。

（2）决策阶段

确定项目质量目标与水平，是影响项目质量的关键阶段。

（3）设计阶段

项目质量目标与水平具体化，是影响项目质量的决定性环节。

（4）施工阶段

最终形成工程实体质量阶段，是工程质量控制的关键性环节。

（5）竣工验收阶段

工程质量是否达到要求及达到的程度得到最终确认。

3.1.2 影响装饰装修工程质量的主要因素

（1）操作人员

主要通过采取以下的措施来减少操作人员的行为对质量不利的因素：

1）提高质量意识；

2）工程质量和经济利益挂钩；

3）组织必要的技术培训；

4）认真执行自检、互检和交接检。

（2）机具设备

对于机具设备因素的控制，应按照工艺的要求，合理地选用先进的机具。注意使用前的检查和使用中的保养、检修和使用后的保管。

（3）工作环境

工作环境对于施工质量有很大的影响，应注意施工时的环境温度和湿度，天气状况和环境清洁状况等。

（4）材料质量

装饰装修材料是工程的物质基础，正确合理地选用材料是保证工程质量的重要前提条件，必须下大力气抓好。

（5）操作方法

对于不同的分项、分部工程，对于不同的施工部位必须采用相应的正确施工方法才能保证施工的质量；否则往往会起到事倍功半的不良效果。

3.1.3 装饰装修工程项目质量控制的过程

装饰装修工程项目质量的形成是一个渐进过程，要控制装饰装修工程项目的质量，就要按照程序依次控制各阶段的工程质量。装饰装修工程项目质量控制的过程如图 5-3 所示。

3.1.4 装饰装修工程项目决策质量控制

在此阶段质量管理的主要内容是在广泛收集资料、调查研究的基础上研究、分析、比较，决定项目的可行性和最佳方案。可行性研究的质量控制可通过对工作质量和成果质量的控制来实现。

（1）对工作质量的控制

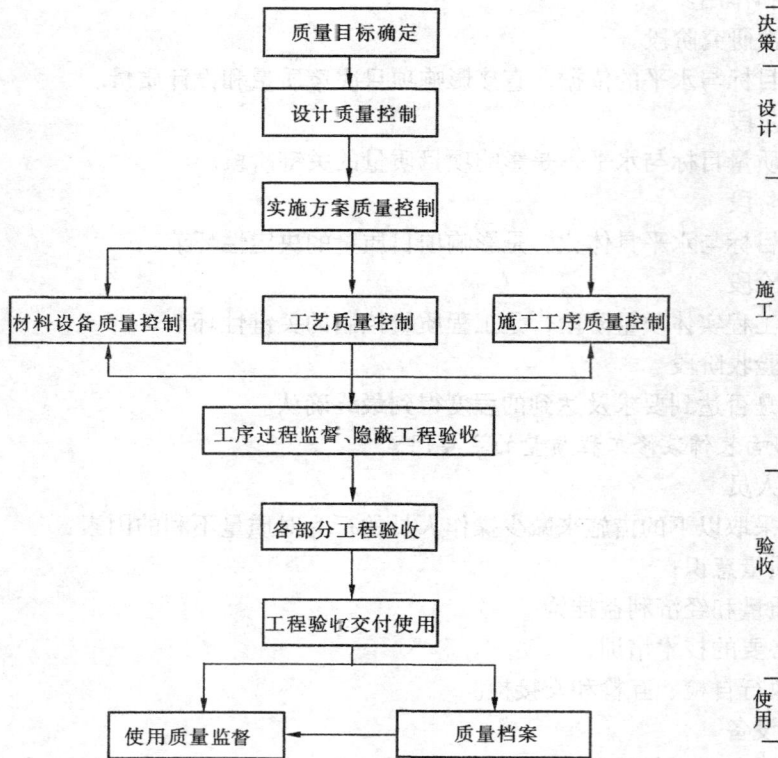

图 5-3 装饰装修工程项目质量控制过程

可行性研究的工作质量是指可行性研究的管理工作、组织工作、调查研究工作、研究报告的编制工作等各方面工作的质量，可行性研究的工作质量是工作成果质量的保证，而工作成果的质量则是工作质量的综合反映。

（2）对成果质量的控制

可行性研究的工作成果重点是阐明装饰装修工程项目建设的必要性和可行性。对工作成果质量的控制，应该以目标控制与过程控制相结合。

3.1.5　装饰装修工程项目设计质量控制

装饰装修工程项目设计质量的概念，是指在严格遵守技术标准、法规的基础上，正确处理和协调资金、资源、技术、环境条件的制约，使设计目标能更好地满足建设单位（项目业主）所需要的功能和使用价值。

设计方面涉及到装饰装修工程项目质量的内容有：

（1）工程的质量标准

工程质量的标准，如技术标准、设计使用年限、工程规模等，应该符合项目目标的要求。

（2）设计工作的质量

设计工作质量指的是设计成果的正确性、各专业设计的协调性、文件的完备性，以及要求设计文件清晰、易于理解、直观明了、符合规定的详细程度和设计成果的数量要求。

设计质量控制的内容包括：

1）采用设计招标，在中标前审查方案；

2）采取奖励措施，鼓励设计单位进行设计优化；

3）对阶段设计成果应先审批签章，再进行更深入的设计；

4）对大型的设计必须委托设计监理或聘请专家咨询；

5）对设计工作质量进行检查。

3.1.6 装饰装修工程项目施工质量控制

施工阶段质量控制是工程项目全过程质量控制的关键环节，工程质量很大程度上取决于施工阶段质量控制。其中心任务是要通过建立健全有效的质量监督工作体系来确保工程质量达到合同规定的标准和等级要求。根据工程质量形成的时间阶段，施工阶段的质量控制又分为事前质量控制、事中质量控制和事后质量控制。其中，工作的重点是事前质量控制。

（1）事前质量控制

是指在正式施工前进行的质量控制，其控制重点是做好施工准备工作，且施工准备工作要贯穿于施工全过程中。

（2）事中质量控制

是指在施工过程中进行的质量控制。事中质量控制的策略是：全面控制施工过程，重点控制工序质量。

（3）事后质量控制

是指对于施工过程中所完成的最终产品及其有关方面的质量控制。

以上三个阶段的质量监控过程及其所涉及的主要方面，如图 5-4 所示。

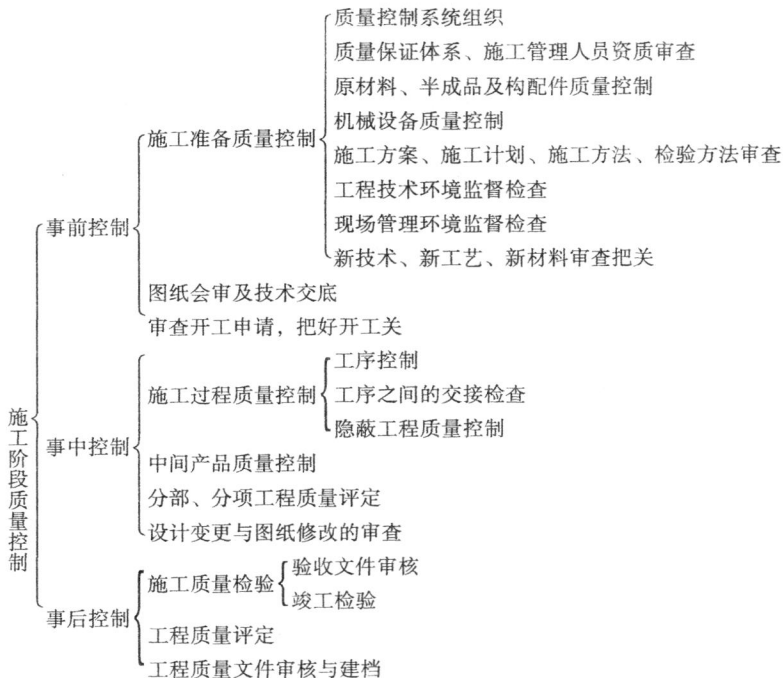

图 5-4 施工阶段质量控制的系统过程

3.1.7 装饰装修工程项目施工质量控制的方法

施工项目质量控制的方法，主要是审核有关技术文件、报告和直接进行检查或必要的试验等。

（1）审核有关技术文件、报告或报表

对技术文件、报告或报表的审核，是项目经理对工程质量进行全面控制的重要手段，其具体内容有：

1）审核有关技术资质证明文件；

2）审核开工报告，并经现场核实；

3）审核施工方案、施工组织设计和技术措施；

4）审核有关材料、半成品的质量检验报告；

5）审核反映工序质量动态的统计资料或控制图表；

6）审核设计变更、修改图纸和技术核定书；

7）审核有关质量问题的处理报告；

8）审核有关应用新工艺、新材料、新技术、新结构的技术鉴定书；

9）审核有关工序交接检查，分项、分部工程质量检查报告；

10）审核并签署现场有关技术签证、文件等。

（2）现场质量检查的内容和方法

现场质量检查的内容有：

1）开工前检查。目的是检查是否具有开工条件，开工后能否连续正常施工，能否保证工程质量；

2）工序交接检查。对于重要的工序或对过程质量有重大影响的工序，在自检、互检的基础上，还要组织专职人员进行工序交接检查；

3）隐蔽工程检查。凡是隐蔽工程均应检查认证后方能掩盖；

4）停工后复工前的检查。因处理质量问题或某种原因停工后需复工时，亦应经检查认可后方能复工；

5）分项、分部工程完工后，应经检查认可，签署验收记录后，才许可进行下一工程项目施工。

6）成品保护检查。检查成品有无保护措施，或保护措施是否可靠。此外，还应经常深入现场，对施工操作质量进行巡视检查；必要时，还应进行跟班或追踪检查。

现场质量检查的方法有：

现场进行质量检查的方法有目测法、实测法和试验法三种。

1）目测法。其手段可归纳为看、摸、敲、照四个字。

看：就是根据质量标准进行外观目测。如墙纸裱糊质量应是：纸面无斑痕、空鼓、气泡、折皱、张嘴；对缝处图案、花纹完整，裁纸的一边不能对缝，只能搭接；墙纸只能在阴角处搭接，阳角应采用包角等。又如，清水墙面是否洁净，喷涂是否密实和颜色是否均匀，内墙抹灰大面及口角是否平直，地面是否光洁平整一致，油漆浆活表面观感，施工顺序是否合理，工人操作是否正确等，均是通过目测检查、评价。

摸：就是手感检查，主要用于装饰装修工程的某些检查项目，如水刷石、干粘石粘结牢固程度，油漆的光滑度，浆活是否掉粉，地面有无起砂等，均可通过手摸加以鉴别。

敲：是运用工具进行音感检查。对地面工程、装饰装修工程中的水磨石、面砖、锦砖和大理石贴面等，均应进行敲击检查，提供声音的虚实确定有无空鼓，还可根据声音的清脆和沉闷，判定属于层面空鼓或底层空鼓。此外，用手敲玻璃，如发现颤动音响，一般是低灰不满或压条不实。

照：对于难以看到或光线较暗的部位，则可采用镜子反射或灯光照射的方法进行检查。

2) 实测法。就是通过实测数据与施工规范及质量标准所规定的允许偏差对照，来判别质量是否合格。实测检查法的手段，也可归纳为靠、吊、量、套四个字。

靠：是用直尺、塞尺检查墙面、地面、屋面的平整度。

吊：是用托线板以线锤吊线检查垂直度。

量：是用测量工具和检测仪表等检查断面尺寸、轴线、标高、湿度、温度等的偏差。

套：是以方尺套方，辅以塞尺检查，如对阴阳角的方正、踢脚线的垂直度、对门窗口的对角线（审角）检查等。

3) 试验检查，指必须通过试验手段，才能对质量进行判断的检查方法。如对用胶粘剂粘结的构件进行强度试验，检验其质量等。

3.1.8 装饰装修工程项目施工工序的质量控制

装饰装修工程项目的施工过程，是由一系列相互关联、相互制约的工序所构成。工程质量是在各个工序中形成的。工序质量是基础，直接影响工程项目的整体质量。所以，要控制工程项目的施工质量，首先必须控制工序的质量。

（1）工序质量控制的内容

工序质量包括两个方面的内容：一是工序活动条件的质量；二是工序活动效果的质量。进行工序质量控制时，应着重于以下四方面的工作：

1) 严格遵守工艺规程。施工工艺规程是进行施工操作的依据和法规，是确保工序质量的前提，人人都必须严格执行，不得违反。

2) 主动控制工序活动条件的质量。工序活动条件主要是指影响质量的五大因素，即操作者、材料、机具设备、施工方法和施工环境。将这些因素切实有效地控制起来，使它们处于受控状态，从而保证每道工序质量正常、稳定。

3) 及时检查工序活动效果的质量。工序活动效果是评价工序质量是否符合标准的尺度，必须加强质量检验工作，对质量状况进行综合统计分析，及时掌握质量动态。一旦发现质量问题，随即研究处理，自始至终使工序活动效果的质量满足规定和标准要求。

4) 设置工序质量控制点。控制点是指为了保证工序质量而进行控制的重点、关键部位或薄弱环节，以便在一定时期内、一定条件下进行强化管理，使工序处于良好的控制状态。

（2）质量控制点的设置

质量控制点设置原则，是根据工程的重要程度，即质量特性值对整个工程质量的影响程度来确定。为此，应首先对施工的工程对象采取全面分析、比较，以明确质量控制点。尔后进一步分析所设置的质量控制点在施工中可能出现的质量问题或造成质量隐患的原因，针对隐患原因，相应地提出对策措施予以预防。可见，设置质量控制点，是对工程质量进行预控的有力措施。

质量控制点的涉及面较广。根据工程的特点、重要性、精确性、质量标准和要求，可能是结构复杂的某一工程项目，也可能是技术要求高、施工难度大的某一结构构件或分项、分部工程，也可能是影响质量关键的某一环节中的某一工序或若干工序。总之，无论是操作、材料、机械设备、施工顺序、技术参数、自然条件、工程环境等，均可设置为质量控制点。

（3）施工项目质量的预控

施工项目质量的预控，是事先对要进行施工的项目，分析在施工中可能或容易出现的质量问题，并提出相应的对策，采取质量预控措施予以预防。

3.1.9 成品保护措施

搞好成品保护，是一项关系到保证装饰装修工程质量，降低工程成本和按期竣工的重要工作。在施工过程中，分部、分项工程或部位的完成有先有后，为此，要对已完成的和正在施工的分项工程某些部位进行保护。否则，一旦造成损伤，将会增加修理工作量，造成工料浪费，拖延工期。甚至有些损伤难以恢复到原样，成为永久性的缺陷。因此，做好成品保护工作是项目经理和技术人员在施工中的一项十分重要的工作。

做好成品保护工作，主要抓好以下几个环节：

（1）进行全员职业道德教育。首先教育全体员工要对国家和人民利益负责，爱护公物，尊重他人和自己的劳动成果；操作时，要珍惜已完成的和部分完成的工程。

（2）合理地安排施工顺序。按正确的施工流程组织施工是成品保护的有效途径之一。例如：应该先喷浆而后安装灯具，避免安装灯具后又修理浆活，从而污染灯具；装饰装修工程采取自下而上的流水顺序，先做地面，后做顶棚、墙面抹灰，可以保护下层顶棚、墙面抹灰不致受渗水污染（若在已做好的地面上施工，则需对地面加以保护）。

（3）成品保护的具体措施。成品保护主要有：护、包、盖、封等四种措施。

1）护，就是提前保护，防止制成品可能发生损伤和污染。如为了防止清水墙面污染，在脚手架、安全网横杆、进料口四周以及临近水刷石墙面上，提前钉上塑料布或纸板；清水墙楼梯踏步采用护棱角铁，上下连通固定；门口在推车易碰部位，在小车轴的高度钉上防护条和槽形盖铁；进出口台阶应垫砖或方木，搭脚手板过人（应附防滑条）；外檐水刷石大角或柱子要立板固定保护；门扇安好后要加楔固定等。

2）包，就是进行包裹，以防止成品被损伤或污染。如大理石或高级水磨石块柱子贴好后，应用立板包裹捆扎；楼梯扶手易污染变色或碰伤，涂涂料前应裹纸保护；铝合金门窗应用塑料布包扎；管道污染后不好清理，应包纸保护；电气开关、插座、灯具等设施也应包裹，防止喷涂时污染等。

3）盖，就是表面覆盖，防止堵塞、损伤。如预制水磨石、大理石楼梯应用木板、加气板等覆盖以防操作人员踩踏和物料磕碰；水泥地面、现浇或预制水磨石地面，应铺锯末加以保护；大理石、花岗岩地面，应用苫布或棉毡覆盖；为防止涂料污染而对窗台、门窗等处贴纸等物加以保护；落水口、排水口也要盖好，以防堵塞。

4）封，就是局部封闭，如预制水磨石楼梯、水泥抹面楼梯施工后，应将楼梯口暂时封闭，待达到上人强度并采取保护措施后再开放；室内裱糊纸墙、木地板油漆完成后，均应立即锁门；室内抹灰或浆活交活后，为调节室内温度湿度，应有专人开关外窗等。

总之，在装饰装修工程项目施工中，必须充分重视成品保护工作。成品保护除合理安排施工顺序，采取有效对策、具体措施外，还必须加强对成品保护工作的看管和检查。

课题4 装饰装修工程项目质量验收标准

4.1 装饰装修工程项目质量验收标准

4.1.1 装饰装修工程项目划分

按目前装饰装修的行业习惯，建筑装饰装修工程一般包括以下主要项目：楼地面、墙面、顶棚、隔断、门窗、卫生间、厨房、家具、灯具、各种配件、外装饰装修工程和幕墙等。在施工实践中，人们也把给排水、采暖、通风、空调、电器等露明部件的安装称为建筑装饰装修工程。

按照我国建筑工程管理规定，建筑装饰装修工程是建筑工程的组成部分，属于建筑工程单位工程的一个分部工程。其本身又可划分为子分部工程、分项工程，划分情况如表5-2所示。

建筑装饰装修的子分部工程、分项工程划分 表5-2

分部工程	子分部工程	分　项　工　程
建筑装饰装修	地面	整体面层：基层、水泥混凝土面层、水泥砂浆面层、水磨石面层、防油渗面层、水泥钢（铁）屑面层、不发火（防爆的）面层；板块面层：基层、砖面层（陶瓷锦砖、缸砖、陶瓷地砖和水泥花砖面层）、大理石面层和花岗岩面层、预制板块面层（预制水泥混凝土、水磨石板块面层）、料石面层（条石、块石面层）、塑料板面层、活动地板面层、地毯面层；木竹面层：基层、实木地板面层（条材、块材面层）、实木复合地板面层（条材、块材面层）、中密度（强化）复合地板面层（条材面层）、竹地板面层
	抹灰	一般抹灰、装饰抹灰、清水砌体勾缝
	门窗	木门窗制作与安装、金属门窗安装、塑料门窗安装、特种门安装、门窗玻璃安装
	吊顶	暗龙骨吊顶、明龙骨吊顶
	轻质隔墙	板材隔墙、骨架隔墙、活动隔墙、玻璃隔墙
	饰面板（砖）	饰面板安装、饰面砖粘贴
	幕墙	玻璃幕墙、金属幕墙、石材幕墙
	涂饰	水性涂料涂饰、溶剂型涂料涂饰、美术涂饰
	裱糊与软包	裱糊、软包
	细部	橱柜制作与安装、窗帘盒、窗台板和暖气罩制作与安装，门窗套制作与安装，护栏和扶手制作与安装，花饰制作与安装

4.1.2 建筑工程施工质量验收统一标准的基本规定

GB 50300—2001《建筑工程施工质量验收统一标准》，建设部批准，2002 年 1 月 1 日起施行。其规范总结了我国建筑工程施工质量验收的实践经验，坚持了"验评分离、强化验收、完善手段、过程控制"的指导思想。该规范将有关建筑工程的施工及验收规范和工程质量检验评定标准合并，组成新的工程质量验收规范体系，统一了建筑工程施工质量的验收方法、质量标准和程序。此标准规定了建筑工程各专业工程施工验收规范编制的统一准则和单位工程验收质量标准、内容和程序等，增加了建筑工程施工现场质量管理和质量控制要求，提出了检验批质量检验的抽样方案要求，规定了建筑工程质量验收中子单位和子分部工程的划分，涉及建筑工程安全和主要使用功能的见证取样及抽样检测。《建筑装饰装修工程施工质量验收规范》必须与此标准配合使用。

在工程项目管理过程中，进行工程项目的质量验收，是施工项目质量管理的重要内容。项目经理必须根据合同和设计图纸的要求，严格执行国家颁发的有关工程项目质量验收标准，及时地配合监理工程师、质量监督站等有关人员进行质量评定和办理竣工验收交接手续。工程项目质量验收程序是按分项工程、分部工程、单位工程依次进行，工程项目质量等级只有"合格"，凡不合格的项目则不予验收。

GB 50300—2001《建筑工程施工质量验收统一标准》的基本规定如下：

（1）施工现场质量管理应有相应的施工技术标准，健全的质量管理体系、施工质量检验制度和综合施工质量水平评定考核制度。

（2）建筑工程应按下列规定进行施工质量控制：

1）建筑工程采用的主要材料、半成品、成品、建筑构配件、器具和设备应进行现场验收。凡涉及安全、功能的有关产品，应按各专业工程质量验收规范规定进行复验，并应经监理工程师（建设单位技术负责人）检查认可。

2）各工序应按施工技术标准进行质量控制，每道工序完成后，应进行检查。

3）相关各专业工种之间，应进行交接检验，并形成记录。未经监理工程师（建设单位技术负责人）检查认可，不得进行下道工序施工。

（3）建筑工程施工质量应按下列要求进行验收：

1）建筑工程施工质量应符合本标准和相关专业验收规范的规定。

2）建筑工程施工应符合工程勘探、设计文件的要求。

3）参加工程施工质量验收的各方人员应具备规定的资格。

4）工程质量的验收均应在施工单位自行检查评定的基础上进行。

5）隐蔽工程在隐蔽前应由施工单位通知有关单位进行验收，并应形成验收文件。

6）涉及结构安全的试块、试件以及有关材料，应按规定进行见证取样检测。

见证取样检测是指在监理单位或建设单位的监督下，由施工单位有关人员现场取样，并送至具备相应资质的检测单位所进行的检测。

7）检验批的质量应按主控项目和一般项目验收。

检验批是指按同一生产条件或按规定的方式汇总起来供检验用的，由一定数量样本组成的检验体。

8）对涉及结构安全和使用功能的重要分部工程应进行抽样检测。

9）承担见证取样检测及有关结构安全检测的单位应具有相应资质。

10）工程的观感质量应由检验人员通过现场检验，并应共同确认。

观感质量是指通过观察和必要的量测所反映的工程外在质量。

（4）检验批的质量检验，应根据检验项目的特点在下列抽样方案中进行选择：

1）计量、计数或计量——计数等抽样方案。

2）一次、二次或多次抽样方案。

3）根据生产连续性和生产控制稳定性情况，尚可采用调整型抽样方案。

4）对重要的检验项目当可采用简易快速的检验方法时，可选用全数检验方案。

5）经实践检验有效的抽样方案。

检验是指对检验项目中的性能进行量测、检查、试验等，并将结果与标准规定要求进行比较，以确定每项性能是否合格所进行的活动。

抽样方案是指根据检验项目的特性所确定的抽样数量和方法。

计数检验是指在抽样的样本中，记录每一个体有某种属性或计算每一个体中的缺陷数目的检查方法。

计量检验是指在抽样检验的样本中，对每一个体测量其某个定量特性的检查方法。

（5）在制定检验批的抽样方案时，对生产方风险（或错判概率 α）和使用方风险（或漏判概率 β）可按下列规定采取：

1）主控项目：对应于合格质量水平的 α 和 β 均不宜超过5%。

2）一般项目：对应于合格质量水平的 α 不宜超过5%，β 不宜超过10%。

主控项目是指建筑工程中的对安全、卫生、环境保护和公共利益起决定性作用的检验项目。

一般项目是指除主控项目以外的检验项目。

4.1.3 建筑工程质量验收的划分

建筑工程质量验收的划分应按下列规定进行。

（1）建筑工程质量验收应划分为单位（子单位）工程，分部（子分部）工程、分项工程和检验批。

（2）单位工程的划分应按下列原则确定：

1）具备独立施工条件并能形成独立使用功能的建筑物及构筑物为一个单位工程。

2）建筑规模较大的单体工程，可将其能形成独立使用功能的部分称为一个子单位工程。

（3）分部工程的划分应按下列原则确定：

1）分部工程的划分应按专业性质、建筑部位确定。

2）当分部过程较大或较复杂时，可按材料种类、施工特点、施工程序、专业系统及类别等划分若干子分部过程。

（4）分项工程应按主要工种、材料、施工工艺、设备类别等进行划分。

（5）分项工程可由一个或若干检验批组成，检验批可根据施工及质量控制和专业验收需要按楼层、施工段、变形缝等进行划分。

（6）室外工程可根据专业类别和工程规模划分单位（子单位）工程。室外土建项目的单位（子单位）工程、分部工程可按表5-3采用。

室　外　工　程　划　分 表 5-3

单位工程	子单位工程	分部（子分部）工程
室外建筑环境	附属建筑	车棚、围墙、大门、挡土墙、垃圾收集站
	室外环境	建筑小品、道路、亭台、连廊、花坛、场坪绿化

4.1.4 建筑工程质量验收

建筑工程质量验收应按下列规定进行。

（1）检验批合格质量应符合下列规定：

1）主控项目和一般项目的质量经抽样检验合格。

2）具有完备的施工操作依据、质量检验记录。

（2）分项工程质量验收合格应符合下列规定：

1）分项工程所含的检验批均应符合合格质量的规定。

2）分项工程所含的检验批的质量验收记录应完整。

（3）分部（子分部）工程质量验收合格应符合下列规定：

1）分部（子分部）工程所含分项工程的质量均应验收合格。

2）质量控制资料应完整。

3）地基与基础、主体结构和设备安装等分部工程有关安全及功能的检验和抽样检测结果应符合有关规定。

4）观感质量验收应符合要求。

（4）单位（子单位）工程质量验收合格应符合下列规定：

1）单位（子单位）工程所含分部（子分部）工程的质量均应验收合格。

2）质量控制资料应完整。

3）单位（子单位）工程所含分部工程有关安全和功能的检测资料应完整。

4）主要功能项目的抽查结果应符合相关专业质量验收规范的规定。

5）观感质量验收应符合要求。

（5）建筑工程质量验收记录应符合下列规定：

1）检验批质量验收可按下列规定进行。

检验批的质量验收记录由施工项目专业质量检查员填写，监理工程师（建设单位项目专业技术负责人）组织项目专业质量检查员等进行验收，并按有关表格记录。

2）分项工程质量验收可按下列规定进行。

分项工程质量应由监理工程师（建设单位项目专业技术负责人）组织项目专业技术负责人等进行验收，并按有关表格记录。

3）分部（子分部）工程质量验收应按下列规定进行。

分部（子分部）工程质量应由总监理工程师（建设单位项目专业负责人）组织施工项目经理和有关勘察、设计单位项目负责人进行验收，并按有关表格记录。

4）单位（子单位）工程质量验收，建筑与结构的质量控制资料核查，安全和功能检验资料核查及主要功能抽查记录，观感质量检查，应按有关表格记录。

（6）当建筑工程质量不符合要求时，应按下列规定进行处理：

1）经返工重做或更换器具、设备的检验批，应重新进行验收。

2）经有资质的检测单位检测鉴定能够达到设计要求的检验批，应予以验收。

3）经有资质的检测单位检测鉴定达不到设计要求，但经原设计单位核算认可能够满足结构安全和使用功能的检验批，可予以验收。

4）经返修或加固处理的分项、分部工程，虽然改变外形尺寸但仍能满足安全使用要求，可按技术处理方案和协商文件进行验收。

（7）通过返修或加固处理仍不能满足安全使用要求的分部工程、单位（子单位）工程，严禁验收。

4.1.5 建筑工程质量验收程序和组织

建筑工程质量验收程序和组织应按下列规定进行。

（1）检验批及分项工程应由监理工程师（建设单位项目技术负责人）组织施工单位项目专业质量（技术）负责人等进行验收。

（2）分部工程应由总监理工程师（建设单位项目负责人）组织施工单位项目负责人和技术、质量负责人等进行验收；地基与基础、主体结构分部工程的勘查、设计单位工程项目负责人和施工单位技术、质量部门负责人也应参加相关分部工程验收。

（3）单位工程完工后，施工单位应自行组织有关人员进行检验评定，并向建设单位提交工程验收报告。

（4）建设单位收到工程验收报告后，应由建设单位（项目）负责人组织施工（含分包单位）、设计、监理等单位（项目）负责人进行单位（子单位）工程验收。

（5）单位工程有分包单位施工时，分包单位对所承包的工程项目应按本标准规定的程序检查评定，总包单位应派人参加。分包工程完成后，应将工程有关资料交总包单位。

（6）当参加验收各方对工程质量验收意见不一致时，可请当地建设行政主管部门或工程质量监督机构协调处理。

（7）单位工程质量验收合格后，建设单位应在规定时间内将工程竣工验收报告和有关文件，报建设行政主管部门备案。

4.1.6 对建筑装饰装修工程施工的基本规定

建筑装饰装修工程的施工除符合 GB 50300—2001《建筑工程施工质量验收统一标准》外，还必须符合下列基本规定：

（1）承担建筑装饰装修工程施工的单位应具备相应资质，并应建立质量管理体系。施工单位应编制施工组织设计并应经过审查批准。施工单位应按有关的施工工艺标准或经审定的施工技术方案施工，并应对施工全过程实行质量控制。

（2）承担建筑装饰装修工程施工的人员应具有相应岗位的资格证书。

（3）建筑装饰装修工程的施工质量应符合设计要求和有关工程质量验收的规定，由于违反设计文件工程和有关工程质量验收的规定施工造成的质量问题应由施工单位负责。

（4）建筑装饰装修工程施工中，严禁违反设计文件擅自改动建筑主体、承重结构或主要使用功能；严禁未经设计确认和有关部门批准擅自拆改水、暖、电、燃气、通讯等配套设施。

（5）施工单位应遵守有关环境保护的法律法规，并应采取有效措施控制施工现场的各种粉尘、废气、废弃物、噪声、振动等对周围环境造成的污染和危害。

（6）施工单位应遵守有关施工安全、劳动保护、防火和防毒的法律法规，应建立相应的管理制度，并配备必要的设备、器具和标识。

（7）建筑装饰装修工程应在基体或基层的质量验收合格后施工。对既有建筑进行装饰装修前，应对基层进行处理并达到建筑装饰装修工程有关工程质量验收规定的要求。

（8）建筑装饰装修工程施工前应有主要材料的样板或做样板间（件），并应经有关各方确认。

(9) 墙面采取保温材料的建筑装饰装修工程，所用保温材料的类型、品种、规格及施工工艺应符合设计要求。

(10) 管道、设备等的安装及调试应在建筑装饰装修工程施工前完成，当必须同步进行时，应在饰面层施工前完成。装饰装修工程不得影响管道、设备等的使用和维修。涉及燃气管道的建筑装饰装修工程必须符合有关安全管理的规定。

(11) 建筑装饰装修工程的电器安装应符合设计要求和国家现行标准的规定。严禁不经穿管直接埋设电线。

(12) 室内外装饰装修工程施工的环境条件应满足施工工艺的要求。施工环境温度不应低于5℃。当必须在低于5℃气温下施工时，应采取保证工程质量的有效措施。

(13) 建筑装饰装修工程施工过程中应做好半成品、成品的保护，防止污染和损坏。

(14) 建筑装饰装修工程验收前应将施工现场清理干净。

课题 5 装饰装修工程项目质量验收实例

5.1 装饰装修工程项目质量验收实例

5.1.1 明龙骨吊顶工程的质量验收

对于以轻钢龙骨、铝合金龙骨、木龙骨等为骨架，以石膏板、金属板、矿棉板、塑料板、玻璃板或格栅等为饰面材料的明龙骨吊顶工程的质量验收，除符合吊顶工程质量验收的一般规定外，尚应符合下列规定：

(1) 主控项目

1) 吊顶标高、尺寸、起拱和造型应符合设计要求。

检验方法：观察；尺量检查。

2) 饰面材料的材质、品种、规格、图案和颜色应符合设计要求。当饰面材料为玻璃板时，应使用安全玻璃或采取安全可靠的安全措施。

检验方法：观察；检查产品合格证书、性能检测报告和进场验收记录。

3) 饰面材料的安装应稳固严密。饰面材料与龙骨的搭接宽度应大于龙骨受力面宽度的2/3。

检验方法：观察；手扳检查；尺量检查。

4) 吊顶、龙骨的材料、规格、安装间距及连接方式应符合设计要求。金属吊杆、龙骨应进行表面防腐处理；木龙骨应进行防腐、防火处理。

检验方法：观察；尺量检查；检查产品合格证书、进场验收记录和隐蔽工程验收记录。

5) 明龙骨吊顶工程的吊杆和龙骨安装必须牢固。

检验方法：手扳检查；检查隐蔽工程验收记录和施工记录。

(2) 一般项目

1) 饰面材料表面应清洁、色泽一致，不得有翘曲、裂缝及缺损。饰面板与明龙骨的搭接应平整、吻合，压条应平直、宽窄一致。

检验方法：观察；尺量检查。

2）饰面板上的灯具、烟感器、喷淋头、风口箅子等设备的位置应合理、美观，与饰面板的交接应吻合、严密。

检验方法：观察。

3）金属龙骨的接缝应平整、吻合、色泽一致，不得有划伤、擦伤等表面缺陷。木质龙骨应平整、顺直，无劈裂。

检验方法：观察。

4）吊顶内填充吸声材料的品种和铺设厚度应符合设计要求，并应有防散落措施。

检验方法：检查隐蔽工程验收记录和施工记录。

5）明龙骨吊顶工程安装的允许偏差和检验方法应符合表5-4的规定。

明龙骨吊顶工程安装的允许偏差和检验方法 表5-4

项次	项 目	允 许 偏 差 （mm）				检 查 方 法
		石膏板	金属板	矿棉板	塑料板、玻璃板	
1	表面平整度	3	2	3	2	用2m靠尺和塞尺检查
2	接缝直线度	3	2	3	3	拉5m线，不足5m拉通线，用钢直尺检查
3	接缝高低差	1	1	2	1	用钢直尺和塞尺检查

5.1.2 水性涂料涂饰工程的质量验收

对于乳液型涂料、无机涂料、水溶性涂料等水性涂料涂饰工程的质量验收，除符合涂饰工程质量验收的一般规定外，尚应符合下列规定：

（1）主控项目

1）水性涂料涂饰工程所用涂料的品种、型号和性能应符合设计要求。

检验方法：检查产品合格证书、性能检测报告和进场验收记录。

2）水性涂料涂饰工程的颜色、图案应符合设计要求。

检验方法：观察。

3）水性涂料涂饰工程应涂饰均匀、粘接牢固、不得漏涂、透底、起皮和掉粉。

检验方法：观察；手摸检查。

4）水性涂料涂饰工程的基层处理应符合涂饰工程的基层处理要求。

检验方法：观察；手摸检查；检查施工记录。

（2）一般项目

1）薄涂料的涂饰质量和检验方法应符合表5-5的规定。

薄涂料的涂饰质量和检验方法 表5-5

项次	项 目	普通涂饰	高级涂饰	检验方法
1	颜色	均匀一致	均匀一致	观察
2	泛碱、咬色	允许少量轻微	不允许	
3	流坠、疙瘩	允许少量轻微	不允许	
4	沙眼、刷纹	允许少量轻微沙眼，刷纹通顺	无沙眼、无刷纹	
5	装饰线、分色线直线度允许偏差（mm）	2	1	拉5m线，不足5m拉通线，用钢直尺检查

2) 厚涂料的涂饰质量和检验方法应符合表5-6的规定。

厚涂料的涂饰质量和检验方法　　表 5-6

项次	项 目	普 通 涂 饰	高 级 涂 饰	检验方法
1	颜色	均匀一致	均匀一致	
2	泛碱、咬色	允许少量轻微	不允许	观察
3	点状分布	—	疏密均匀	

3) 复层涂料的涂饰质量和检验方法符合表5-7的规定。

复层涂料的涂饰质量和检验方法　　表 5-7

项 次	项 目	质 量 要 求	检 验 方 法
1	颜色	均匀一致	
2	泛碱、咬色	不允许	观察
3	喷点疏密程度	均匀，不允许连片	

4) 涂层与其他装修材料和设备衔接处应吻合，界面应清晰。
检验方法：观察。

实 训 课 题

1. 请学员到工地调查，了解装饰装修工程公司是如何建立质量管理体系的？又是如何保持质量管理体系的运行？

2. 某装饰装修施工企业于 2005 年 5 月承接了某市统计局办公楼二次装饰工程，主要装饰部位有：地面、墙面、顶棚等。其中墙面有乳胶漆装饰工艺，顶棚有烤漆 T 型龙骨，纸面石膏吊顶装饰工艺等，试问它们的主控项目如何进行质量验收？

思 考 题 与 习 题

1. 什么是质量？什么是产品质量？
2. 什么是工程项目质量？
3. 工程项目质量各个阶段的质量内涵是什么？
4. 建筑装饰装修的概念是什么？
5. 质量控制的概念是什么？
6. 建筑装饰装修工程项目质量控制的概念是什么？
7. 装饰装修工程项目质量控制的发展历程有哪些？
8. 装饰装修工程项目质量控制的内容是什么？
9. 装饰装修工程项目质量控制的原则有哪些？
10. 2000 版 ISO9000 族标准中的核心标准是什么？
11. 2000 版 ISO9000 族标准的特点是什么？
12. 八项质量管理原则有哪些？

13. 质量管理体系基础有哪些主要内容？

14. 持续改进的活动包括哪些内容？

15. 装饰装修工程项目工程建设各阶段对质量形成的影响是什么？

16. 装饰装修工程项目施工质量控制包括哪些内容？

17. 现场质量检查的内容有哪些？

18. 工序质量控制的内容是什么？

19. 影响装饰装修工程质量的主要因素是什么？

20. 什么是检验批？什么是见证取样？

21. 什么是主控项目？什么是一般项目？

22. 单位工程的划分原则是什么？

23. 分部工程的划分原则是什么？

24. 分部（子分部）工程质量验收应符合哪些规定？

25. 单位（子单位）工程质量验收应符合哪些规定？

26. 建筑工程质量验收程序和组织有哪些规定？

单元 6　装饰装修工程项目进度控制

知 识 点：进度控制的概念、进度计划的编制、进度计划的实施、进度计划的监控、进度计划的调整。

教学目标：通过学习装饰装修工程项目进度控制，要求掌握装饰装修工程项目进度控制的基本概念和基本方法，能根据工程实际情况编制装饰装修工程项目的进度计划，按照进度计划组织施工，并对进度计划进行监控和调整。

课题 1　装饰装修工程项目进度控制概述

1.1　装饰装修工程项目进度控制概述

1.1.1　装饰装修工程项目进度控制的基本概念

装饰装修工程项目进度控制是指在既定的工期内，编制出最优的工程项目进度计划；在执行计划的过程中，经常检查工程实际进度是否按计划要求进行，若出现偏差，要分析产生的原因和对工期的影响程度，制定出补救措施或调整措施，修改原计划，不断地循环往复，直至工程竣工验收交付使用。

装饰装修工程项目进度控制是工程项目管理中重点目标的控制，是保证工程项目按期完成，合理安排资源供应，节约工程成本的重要措施。

装饰装修工程项目进度控制是一个动态的、连续的、系统的过程。进度控制体系的核心是项目经理，项目工长、计划人员、调度人员、班组长等都是控制体系的成员，业主、监理工程师的监督是进度控制的有力保证。

1.1.2　装饰装修工程项目进度控制的内容

装饰装修工程项目进度控制包括进度计划的编制、进度计划的实施、进度计划的监控和进度计划的调整四个方面的内容。

（1）工程项目进度计划的编制

工程项目进度计划是根据施工合同的工期要求，合理确定各主要工程项目施工的先后顺序、施工期限、开工和竣工日期以及各项目之间的搭接关系、搭接时间，制定出整个工程的施工进度计划，具体编排出工程项目的年度计划、季度计划和月、旬作业计划，并对这些进度计划进行优化，以便对进度计划进行有效的控制。

（2）工程项目进度计划的实施

工程项目进度计划的实施就是施工活动的开展，也就是用工程项目进度计划指导施工生产，落实和完成计划。由于施工过程中存在各种干扰因素，会使工程项目进度的实际结果偏离进度计划，工程项目进度计划实施的任务就是预测这些干扰因素，对其风险程度进行分析，并采取预控措施，以保证实际进度与计划进度的吻合。

（3）工程项目进度计划的监控

工程项目进度计划的检查就是进度控制人员经常的、定期的跟踪检查实际进度情况，收集工程项目实际进度数据，对比分析，掌握进度计划在实施过程中的变化趋势和偏差程度，进行偏差分析。

（4）工程项目进度计划的调整

工程项目进度计划的调整是装饰装修工程项目进度控制中最困难、最关键的内容。工程项目的计划进度和实际进度由于各种干扰因素的影响往往会出现偏差，这就需要进行进度调整。

课题2　装饰装修工程项目进度计划的编制

2.1　装饰装修工程项目进度计划的编制

2.1.1　装饰装修工程项目进度计划编制的依据

（1）经过审批的施工图及所采用的标准图集和技术资料。

（2）工程项目的工期要求、开工日期、竣工日期。

（3）各主要工程项目施工的先后顺序以及相互间的逻辑关系。

（4）工程项目工作持续时间的估算。

（5）物资供应条件。根据物资数量和质量的要求，对物资供应作出合理的安排。

（6）当地的自然环境条件。

2.1.2　装饰装修工程项目进度计划的表现形式

（1）横道图

横道图是以横道线条结合时间坐标来表示工程项目各项工作的开始时间、持续时间和先后顺序。横道图的优点是简单、明了、直观、易懂，且较易编制。其缺点是不能全面地反映出各项工作相互之间的关系和影响，不便于进行各种时间的计算，不能突出工作的重点。

横道图的表示方法可以分为水平进度计划和垂直进度计划。

1）水平进度计划

水平进度计划是利用时间坐标上横线的长度和位置来反映工程在实施过程中各工作之间的相互关系和进度。其横坐标表示持续时间，纵坐标表示施工过程或专业工作队，每一横道表示工作，其长度和起止表示工程量时间。水平进度计划的表达方式如图6-1所示。

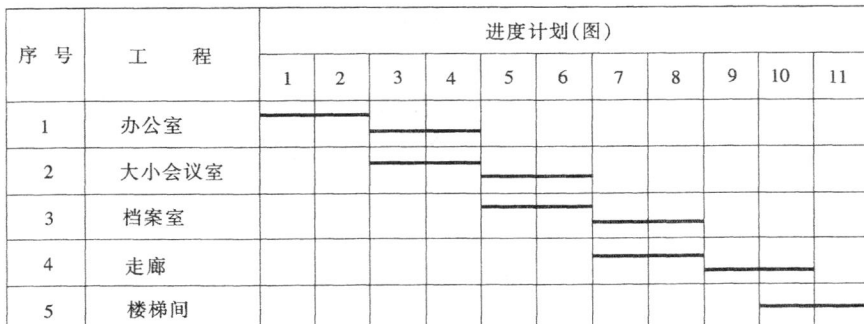

序　号	工　　程	进度计划（图）										
		1	2	3	4	5	6	7	8	9	10	11
1	办公室											
2	大小会议室											
3	档案室											
4	走廊											
5	楼梯间											

图6-1　水平进度计划

水平进度计划可分为：

①顺序施工法

顺序施工法是按顺序一个一个进行施工的施工方法，也称依次施工法。对于同一工程对象，后面的施工过程只能在前一道工序全部结束后方可进行；对于不同的工程对象，下一个工程的施工只能在前一个工程完成后才能开始。

顺序施工法的特点是投入的劳动力少，材料供应量也小，相应机械设备的使用也不多。但是工期拖的太长，容易造成"窝工"，不能充分利用时间和空间。

②平行施工法

采用平行施工方法施工，所有的工程对象同时开工，齐头并进，形成同一时间整个空间的平行施工。

平行施工法的特点是能够大大缩短工期，但劳动力的增多，材料和机械设备的供应也增多，容易造成技术与资源的高度密集，增加了临时设施的费用。由于施工空间有限，因此无法满足超过限度的施工人员同时进行施工。

③流水施工法

流水施工方法是建立在均衡施工和连续施工的基础上的，各施工作业队按照施工顺序，依次连续地从一个施工面转移到另一个施工面，完成所分担的同样的施工过程。施工队的工作是连续的，在不同施工面流动，每隔一定的时间完成一定数量的施工任务。

流水作业法既充分利用时间又充分利用空间，大大缩短了工期。同时克服了平行施工资源高度集中的缺点。此外各作业队可以实行专业化施工，大大提高劳动生产率，从而节约投资、降低工程成本、保证工程质量。

流水作业方法根据其流水节奏的不同可以分为有节奏流水和无节奏流水两种，详见表6-1。

流水作业施工的种类和特点　　表 6-1

流水施工的种类		特　　　点
有 节 奏 流 水	固 定 节 拍 流 水	所有施工过程的流水节拍相等且等于流水步距
	成 倍 节 拍 流 水	各施工过程的流水节拍为互成倍数的常数
无 节 奏 流 水		各施工过程在各施工段上的流水节拍不同

对于同一工程当使用不同的施工组织方法时所获得的不同的工期的对比情况，如图6-2 所示。

2）垂直进度计划

不同的施工队进行分段流水施工时，常采用垂直进度计划。垂直进度计划的特点是用纵坐标表示各施工段或施工层，横坐标表示时间，进度指示线为不同斜率的斜线。工期按斜线在横坐标上的投影值来计算。垂直进度计划可以很清楚地表达流水作业的进程，而且流水参数的概念也比较明确，与水平进度计划相比，垂直进度计划更加方便、直观和有条理。

【例】　某装饰装修工程项目为 5 层框架结构，现对该工程进行装修。分为 a、b、c 三个施工过程进行作业，每个施工过程在各楼层的持续时间如表6-2 所示，各施工过程的流水步距为：10、15。用垂直进度计划来绘制施工进度计划如图6-3 所示。

（2）网络计划图

网络计划图也称关键线路计划，是以箭线和节点组成的有序有向的网状图形来表示项目的进度计划。通过各种计算，找出网络图中的关键工序、关键线路，求出最优计划方案。

各施工过程在各楼层的持续时间 **表 6-2**

工楼层	各施工过程在各楼层的持续时间（天）			工楼层	各施工过程在各楼层的持续时间（天）		
	ta	tb	tc		ta	tb	tc
一	3	5	4	四	3	3	4
二	3	5	4	五	3	2	4
三	3	3	4				

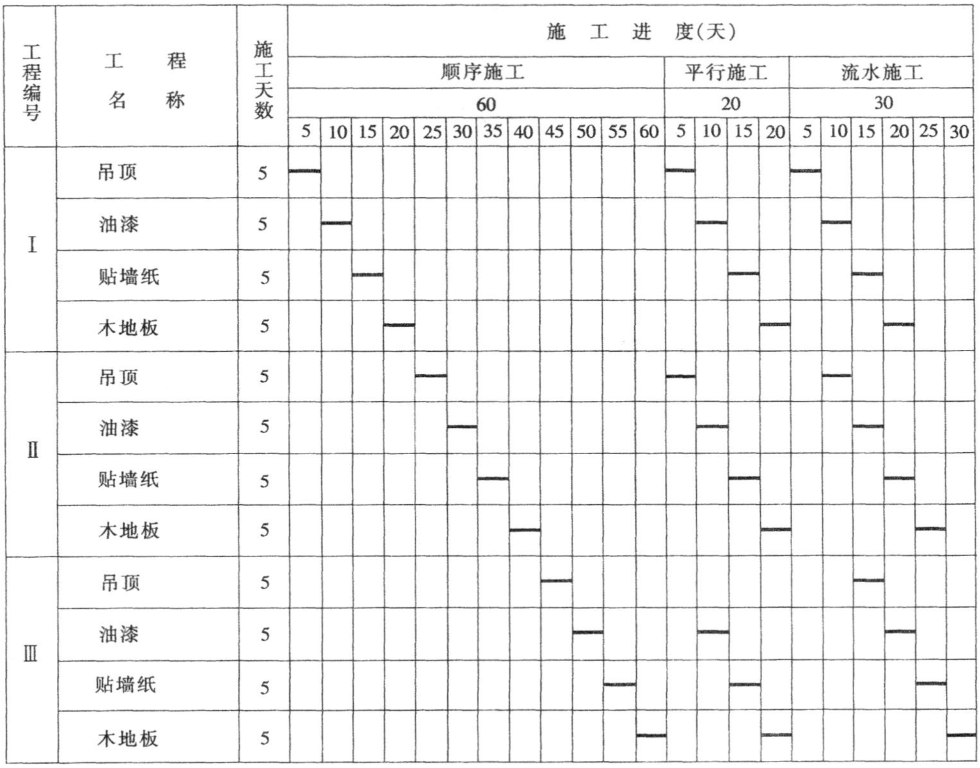

图 6-2　不同施工方法的施工进度比较

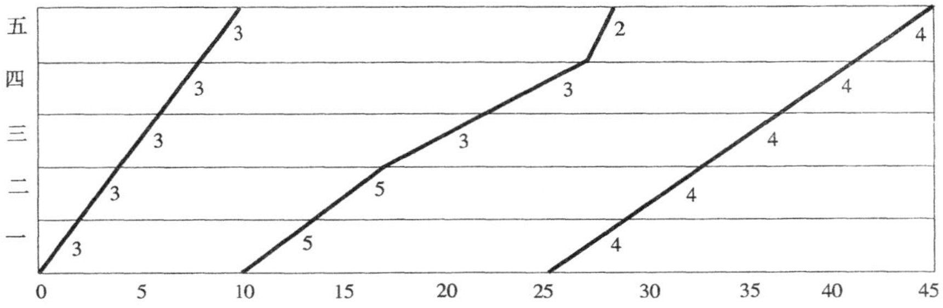

图 6-3　垂直进度计划

网络计划图的优点是把项目过程中的各有关工作组成了一个有机整体，全面而明确地反映出各工作之间的相互制约和相互依赖的关系，找出关键工作，便于管理人员集中精力抓住项目实施中的主要矛盾，保证进度目标的完成；利用网络计划反映出的时差，更好地配置各种资源，达到节省人力、物力和降低成本的目的。网络计划是比较严密完善的计划形式和方法，目前在国内外工程界广泛采用。

网络计划包括单代号网络计划图和双代号网络计划图两种。

1）双代号网络计划图。图中每一条箭线代表一项工作；箭线所指的方向表示工作进行的方向，箭线的箭尾表示该项工作的开始，箭头表示该工作的结束；工作名称标注在箭线水平部分的上方，工作的持续时间（也称作业时间）则标注在箭线的下方。在双代号网络图中表示一项工作的开始或结束，用圆圈表示。实箭线表示实工作；虚箭线表示虚工作，即不占用时间，不消耗资源，表示工作之间的逻辑关系，持续时间为零（图6-4）。

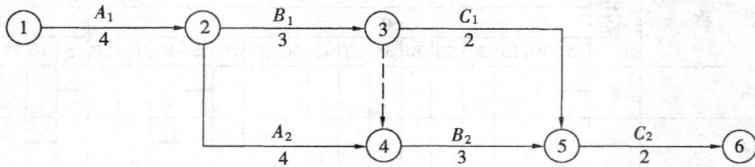

图6-4 双代号网络计划

2）单代号网络计划图。图中节点表示工作内容和持续时间，箭线仅表示各项工作之间的逻辑关系。因为用节点来表示工作，所以单代号网络计划图又称节点网络图，如图6-5所示。

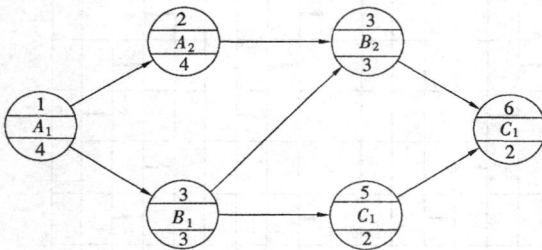

图6-5 单代号网络计划

2.1.3 装饰装修工程项目进度计划的编制

（1）装饰装修工程项目进度计划的编制步骤

1）划分施工过程。应考虑以下要求：

①施工过程划分粗细程度的要求

对于控制性施工进度计划，其施工过程的划分可以粗一些，一般可按分部工程划分施工过程。比如施工准备、楼地面工程、墙柱面工程、顶棚工程等。对于指导性施工进度计划，其施工过程的划分可以细一些。

②施工过程划分的工艺性要求

③明确施工过程对施工进度的影响程度

根据施工过程对工程进度的影响程度可分为三类：第一类为资源驱动的施工过程，对工程起着决定性的作用，在条件允许的情况下，可以适当缩短或延长工期。第二类为辅助性施工过程，它虽然消耗一定的时间和资源，但一般不占用工作面和工期，可不列入施工计划以内，如材料运输，铝合金门窗制作等。第三类施工过程直接在拟建工程进行作业，但它的时间随着客观条件的变化而变化，应根据具体情况列入施工计划，如水磨石的开磨时间与水泥强度和气温高低有关等。

2）计算工程量。工程量应根据施工图纸、工程量计算规则及相应的施工方法进行计算。工程量的计量单位应与采用的施工定额的计量单位相一致。

3）套用施工定额。

4）计算劳动量及机械台班量，确定施工过程的延续时间。

5）初排施工进度计划。

6）调整优化施工进度计划。施工进度计划初步方案编出后,应根据业主和有关部门的要求、合同规定及施工条件等,先检查各施工过程之间的施工顺序是否合理、工期是否满足要求、劳动力等资源消耗是否均衡,然后再进行调整,直至满足要求,正式形成施工进度计划。总的要求是在合理的工期下尽可能地使施工过程连续施工,便于资源的合理安排。

（2）编制装饰装修工程项目进度计划应该注意的问题

1）分析关键线路是否正确,能否确保工程按时竣工。

2）所动用的人力和施工设备能否满足完成计划的工作量。

3）基本工作程序是否实用。

4）资金、材料、劳动力和施工设备的供应计划是否符合进度计划的要求。

5）可能影响进度的施工环境和技术问题。

课题 3 装饰装修工程项目进度计划的实施

3.1 装饰装修工程项目进度计划的实施

装饰装修工程项目进度计划的实施就是施工活动的进展,也就是用工程项目进度计划指导施工活动,落实和完成计划。

3.1.1 装饰装修工程项目进度计划的审核

项目经理应进行工程项目进度计划的审核,其主要内容包括:

（1）进度计划安排是否符合施工合同的工期要求、开工和竣工日期的规定。

（2）施工进度计划中的内容是否齐全。

（3）施工顺序安排是否符合施工程序的要求。

（4）资源供应计划是否保证施工进度计划的实现,供应是否均衡。

（5）对实施进度计划的风险是否分析清楚,是否有相应的对策。

（6）各项保证进度计划实现的措施全面、可行、有效。

3.1.2 工程项目进度计划的贯彻

（1）检查各层次的计划,形成严密的计划保证系统

装饰装修工程项目的进度计划有施工总进度计划、单位工程施工进度计划、分部(项)工程施工进度计划。首先检查计划之间的协调性,其次检查计划目标是否层层分解、互相衔接,再次检查施工任务书是否层层下达到施工班组,从而保证施工进度计划的实施。

（2）根据施工任务书层层明确责任

项目经理、施工队和作业班组之间层层签订责任状,明确各自的施工任务、技术措施、质量要求、工期以及承担的经济责任和相应利益,以保证按施工计划的顺利完成。

（3）进行计划的交底,保证计划的全面、彻底实施

在进度计划实施前根据计划的范围进行进度计划的交底,使相关人员明确进度计划的目标、任务、方案和措施,使之变成全体施工作业的自觉行动,使计划得到全面、彻底的实施。

3.1.3 装饰装修工程项目进度计划的实施

（1）编制月（旬）作业计划

根据施工进度计划，结合现场施工条件和施工实际编制月（旬）作业计划。

（2）签发施工任务书

根据月（旬）作业计划，签发施工任务书，下达并落实到班组。施工任务书是向班组下达任务，实行承包责任制，全面管理的原始记录和综合性文件，是连接计划和实施的纽带。施工任务书包括施工任务单、限额领料单和考勤表。

（3）做好施工进度记录，填好施工进度统计表

在计划的实施过程中，要跟踪做好施工记录，及时记录各项工作开始日期、每日完成数量和完成日期，并记录施工现场发生的各种情况；跟踪做好形象进度、工程量、总产值、耗用的人工、材料和机械台班等的数量统计与分析，为施工项目进度监测和控制分析提供反馈信息。

（4）做好施工中的调度工作

施工中的调度是组织施工中各阶段、环节、专业和工种的互相配合、进度协调的指挥核心。其主要任务是根据计划实施情况，协调各方面关系，采取措施，排除各种矛盾，加强各薄弱环节，实现动态平衡。保证完成作业计划和实现进度目标。

调度工作的主要内容有：监督作业计划的实施，调整、协调各方面的进度计划；监督检查施工准备工作；督促资源供应单位按计划供应，对临时出现的问题进行调配；保证安全文明施工；了解气候、水、电、气的供应情况，采取相应的防范和保证措施；及时发现和处理施工中各种事故和意外事件；调整各薄弱环节；定期、及时地召开现场调度会议等。

课题 4 装饰装修工程项目进度计划的监控

4.1 装饰装修工程项目进度计划的监控

为了对装饰装修工程项目进度计划进行控制，进度控制人员必须经常地、定期地跟踪检查工程的实际进度情况，收集工程项目实际进度的相关数据，进行统计整理和对比分析，确定实际进度与计划进度之间的关系，通过比较得出计划进度和实际进度一致、超前或拖后三种情况，作为装饰装修工程项目进度计划调整的依据。通常的比较方法有：横道图比较法、曲线比较法和网络计划检查法。

4.1.1 横道图比较法

横道图比较法是把工程项目施工中检查实际进度收集的信息，经过整理后直接用横道线并列标于原计划的横道图上，进行直观比较的方法。

横道图比较法具有记录方法简单，形象直观，容易掌握，使用方便而被广泛应用。但它是以横道图为基础，各工作之间的相互制约和依赖的关系不明显，关键工作和关键路线不明确等，因此有不可克服的局限性。一旦某些工作进度发生偏差时，难以预测对后续工作和整个工期的影响，难以确定调整方法。横道图比较法有以下几种表示方法。

（1）匀速施工横道图比较法

匀速施工是指工程项目施工中每项工作的施工进展都是匀速的，即在单位时间内完成的任务量都是相等的，累计完成的任务量与时间呈直线变化。

1）特点。匀速施工横道图比较法将检查收集的实际进度数据，直接用粗实线标在进

度计划上。比较图绘制简单、方便，但用此方法绘制的进度比较图不能反映实际进度与计划进度完成任务量的比较情况。

2）绘制比较法的步骤：

①编制横道图进度计划；

②在进度计划上标出检查日期；

③将检查收集的实际进度数据，按比例用粗实线标在进度计划线上；

④比较分析实际进度与计划进度。

第一：当粗实线的右端与检查日期重合，表明实际进度与计划进度相一致；

第二：当粗实线的右端在检查日期左侧，表示实际进度拖后；

第三：当粗实线的右端在检查日期右侧，表示实际进度超前。

3）适用范围。匀速施工横道图比较法适用于匀速进行的施工项目中，即施工速度是匀速的，单位时间内完成的任务量是相等的。

【例1】 某装饰装修工程的 A 工作计划在 7 天内完成，在第 7 天进行进度检查时发现才完成了 6 天的任务量，试用匀速施工横道图比较法比较分析实际进度与计划进度的关系。如图 6-6 所示。

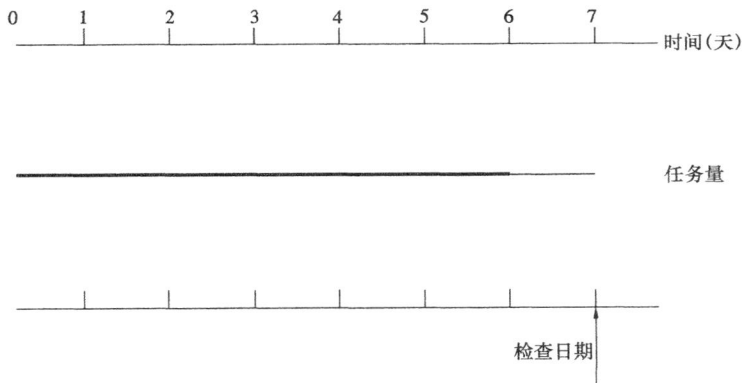

图 6-6　匀速进展横道图比较法

【解】 1）编制横道图进度计划；

2）在进度计划上标出检查日期；

3）将检查收集的实际进度数据，按比例用粗实线标在进度计划线上；

4）由图可知，该工作进度拖后了 14.29%。

（2）双比例单侧横道图比较法

当工作的进展速度不同时，即在单位时间内完成的任务量不相等，累计完成的任务量与时间的关系不是呈直线变化的，这种情况的进度比较可采用双比例单侧横道图比较法。

1）特点。双比例单侧横道图比较法将工作实际进度用粗实线表示，并在图上标出某对应时刻完成任务的累计百分比，将该百分比与同时刻计划完成任务的累计百分比相较，判断工作的实际进度与计划进度之间的关系。横道线只表示工作的开始时间、持续时间和完成时间，并不表示计划完成任务量和实际完成任务量。

2）绘制比较法的步骤：

①编制横道图进度计划;

②在横道线上方标出各工作主要时间的计划完成任务累计百分数;

③在计划横道线下方标出各工作相应日期实际完成的任务累计百分数;

④将检查收集的实际进度数据,按比例用粗实线标出实际进度线,并从开工之日标起,同时反映出施工过程中工作的连续与间断情况;

⑤比较分析实际进度与计划进度。

第一:当同一时刻上下两个累计百分数相等,表示实际进度与计划进度相一致;

第二:当同一时刻上面累计百分数大于下面累计百分数,表示实际进度拖后,拖后的量为二者之差;

第三:当同一时刻上面累计百分数小于下面累计百分数,表示实际进度超前,超前的量为二者之差。

3)适用范围。双比例单侧横道图比较法适用于工作的进度按照变速进行的项目。

【例2】 某装饰装修工程的 A 工作计划在 7 天内完成,每天计划的累计完成任务的百分数、每天实际的累计完成任务的百分数如图 6-7 所示,试用双比例单侧横道图比较法比较分析第 6 天实际进度与计划进度的关系。

【解】 1)编制横道图进度计划;

2)在横道线上方标出各工作主要时间的计划完成任务累计百分数分别为 18%、35%、50%、65%、79%、87%、100%;

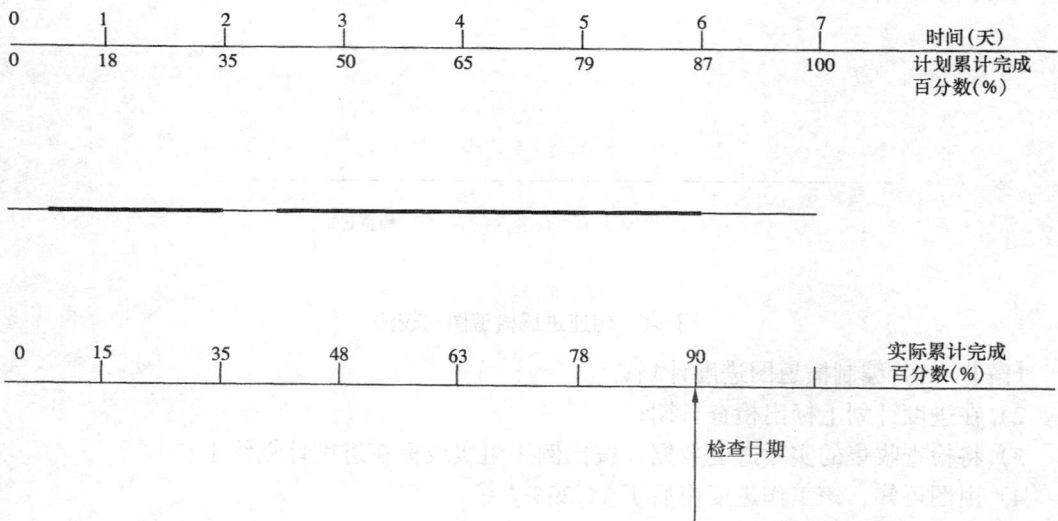

图 6-7　双比例单侧横道图比较图

3)在计划横道线下方分别标出第 1 天、第 2 天、第 3 天、第 4 天、第 5 天、第 6 天实际完成任务的累计百分数为 15%、35%、48%、63%、78%、90%;

4)用粗实线标出实际进度线。从图中可以看出,实际工作的开始时间比计划时间晚半天,在第 3 天工作间断了半天;

5)比较实际进度和计划进度。从图中可以看出:第 1 天末的实际进度比计划进度拖后 3%;第 2 天末的实际进度与计划进度相一致;第 3 天的实际进度比计划进度拖后 2%;

第4天末的实际进度比计划进度拖后2%；第5天末的实际进度比计划进度拖后1%；第6天末的实际进度比计划进度超前3%。

4.1.2 曲线比较法

装饰装修工程项目一般在开始和结尾时完成的工作量较少，中间阶段完成的工作量较多，因此得到的累计工作量就呈S形变化。

曲线比较法分为S型曲线比较法和香蕉型曲线比较法两种。

（1）S型曲线比较法

S型曲线比较法以横坐标表示进度时间，纵坐标表示累计完成任务量，绘制出一条按计划时间累计完成任务量的S型曲线，将施工项目各检查时间的实际完成的任务量与S型曲线进行计划进度与实际进度的比较的一种方法。

1）S型曲线的绘制：

①确定工程进展速度曲线

工程进展速度曲线表示不同时间工作量的完成情况。单位时间完成的工作量往往是离散的，如图6-8（a）所示。

②计算不同时间累计完成的工作量

对检查时间之前的各单位时间完成工作量的累加求和即得累计完成的工作量。

③绘制S型曲线

在时间—累计完成工作量坐标系中，把各时间的累计完成工作量的顶点用光滑曲线连接起来，即为S型曲线，如图6-8（b）所示。

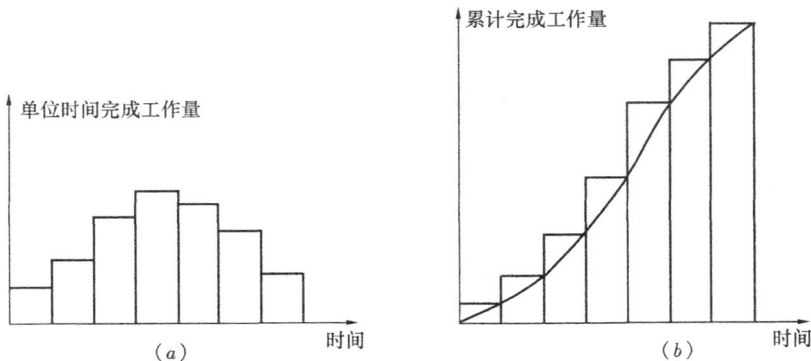

图6-8 单位时间完成工作量与累计完成工作量关系曲线

2）S型曲线的比较。S型曲线比较法同横道图一样，在图上直观地进行施工项目实际进度和计划进度的比较。计划进度控制人员在计划实施前绘制计划S型曲线，在施工项目实施过程中，按规定时间将检查的实际完成情况绘制在与计划S型曲线同一张纸上，得出实际进度S型曲线。比较两条S型曲线得到以下信息：

①工程项目实际进展情况：

第一：当工程实际进展点刚好落在计划S型曲线上的时候，表示实际进度与计划进度相一致；

第二：当工程实际进展点落在计划S型曲线左侧的时候，表示实际进度超前；

第三：当工程实际进展点落在计划S型曲线右侧的时候，表示实际进度拖后。

②实际进度比计划进度超前或拖后的时间：

如图 6-9 所示，ΔT_a 表示在 T_a 时刻实际进度超前的时间；ΔT_b 表示在 T_b 时刻实际进度拖后的时间。

③实际进度比计划进度超前或拖后的工作量：

如图 6-9 所示，ΔQ_a 表示在 T_a 时刻实际进度超额完成的工作量；ΔQ_b 表示在 T_b 时刻实际进度拖后的工作量。

④预测后期工程进度：

如图 6-9 所示，后期工程按原计划速度进行，则工期拖延的预测值为 ΔT_c。

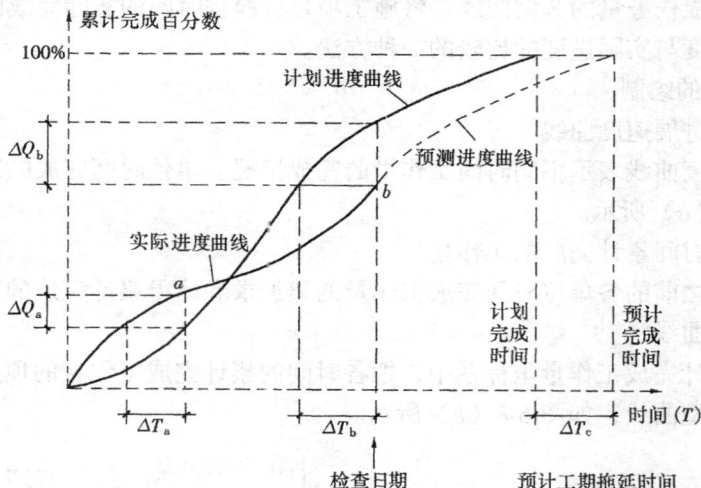

图 6-9　S 型曲线的比较图

（2）香蕉型曲线比较法

香蕉型曲线由两条 S 型曲线闭合而成。按某一时间开始的施工项目的进度计划，按施工项目的进行时间与累计完成的工作量的关系都可以用一条 S 型曲线表示。网络计划在理论上总是分为最早和最迟两种开始、结束时间。按网络计划，任何一个装饰装修工程项目都可以绘出两条 S 型曲线：一条是以各项工作的计划最早开始时间安排进度而绘制的 S 形曲线，称为 ES 曲线；另一条是以各项工作的最迟开始时间安排进度而绘制的 S 型曲线，称 LS 曲线。由于两条曲线都具有相同的开始和结束时间，因此两条曲线闭合。通常 ES 曲线在 LS 曲线的左侧，曲线形同香蕉，故称香蕉型曲线。

在工程项目的实施中，进度控制的理想状态是任一时刻按实际进度描绘的点都应该落在香蕉型曲线的闭合区域内。利用香蕉曲线不仅可以进行计划进度的合理安排、实际进度与计划进度的比较，而且还可以对后期工程进行预测。

香蕉型曲线的作图方法与 S 形曲线的作图方法基本一致，香蕉型曲线的不同之处在于它是分别以工作的最早开始时间和最迟开始时间而绘制的两条 S 型曲线的结合，如图 6-10 所示。

4.1.3　网络计划检查法

（1）施工项目的进度计划用无时标网络计划表达时，采用直接在图上用文字或适当符号记录、列表记录等记录方式进行实际进度的检查比较。通常是在网络图上用点划线表示检查时的实际进度，并标出检查日期以后完成各项工作所需的时间，再与计划进度相比较。

（2）施工项目的进度计划用时标网络计划表达时，采用前锋线比较法。前锋线比较法是从检查时间的坐标点出发，用点划线依次连接各项工作的实际进度点，最后到达计划检查时间的坐标点为止，形成前锋线。根据实际进度前锋线与工作箭线交点的位置判定施工实际进度与计划进度偏差。

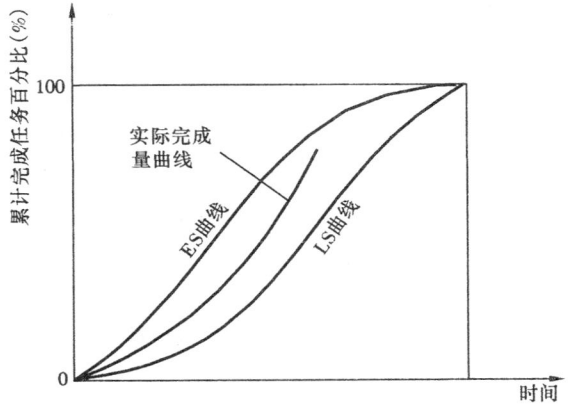

图 6-10　香蕉型曲线比较图

前锋线比较法的主要步骤：

1）绘制时标网络计划图

在网络图的上方和下方各绘制一条时间坐标。

2）绘制前锋线

从上方时间坐标的检查日期画起，依次连接各相邻工作箭线的实际进度点，最后到达下方时间坐标的检查日期。

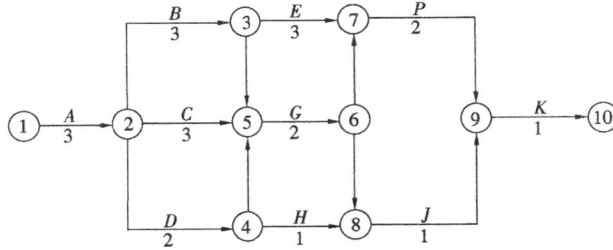

图 6-11　某施工项目网络计划图

3）比较实际进度与计划进度

第一：当实际工程进度点位置与检查日期时间坐标位置相同的时候，表示实际进度与计划进度相一致；

第二：当实际工程进度点位置在检查日期时间坐标右侧的时候，表示实际进度超前，超前时间为二者之差；

第三：当实际工程进展点位置在检查日期时间坐标左侧的时候，表示实际进度拖后，拖后时间为二者之差。

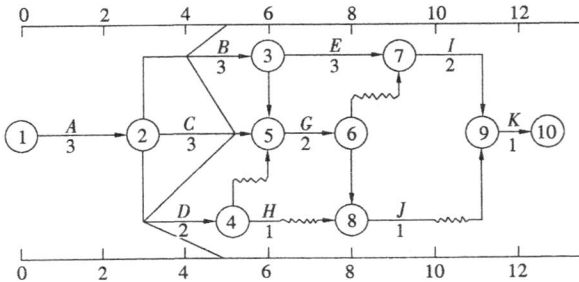

图 6-12　某施工项目进度前锋线圈

【例3】 已知某工程项目的网络计划如图 6-11 所示，在第 5 天检查时，发现 A 工作已完成，B 工作已进行 1 天，C 工作进行 2 天，D 工作尚未开始。用前锋线比较法检查工程进度。

【解】 1）根据已知的网络计划图绘制时标网络计划图；

2）根据第 5 天检查的实际进度情况绘制前锋线；

3）从实际进度和计划进度的比较，由图 6-12 可以看出：工作 B 拖后 1 天，工作 C 与计划一致，工作 D 拖后 2 天。

课题 5 装饰装修工程项目进度计划的调整

5.1 装饰装修工程项目进度计划的调整

5.1.1 影响装饰装修工程项目进度的主要因素

装饰装修工程项目由于工程复杂，工程量大，工期较长，影响进度的因素较多，因此必须充分认识和估计这些因素，才能克服其影响，使工程进度尽可能按计划进行。其主要影响因素有：

（1）设计方面

1）设计修改频繁；

2）装修设计伤害主体结构；

3）设计不符合消防规定；

4）各专业设计之间相互矛盾，尺寸不统一。

（2）工程条件的变化

1）现场条件。停水、停电频繁；垂直或水平运输困难；因扰民问题而停工；施工垃圾外运困难等。

2）新颁布的政策、法规对工程项目新的要求或限制，必须修改设计、修改施工方案等，可能造成工程项目资源的缺乏，使得工程无法及时完工。

3）环境条件的变化。如特殊恶劣的气候条件会造成临时停工或破坏。

4）发生不可抗力事件。意外事件的发生，如战争，地震、洪水等严重的自然灾害都会影响工程进度计划。

（3）管理过程中的失误

1）计划管理差；

2）劳动纪律松懈；

3）质量不合格而返工；

4）施工顺序颠倒；

5）野蛮施工。

（4）施工配合

1）工序之间衔接不紧；

2）交叉施工协调不利；

3）没有对装修成品进行保护，致使装修成品因交叉破坏而返工。

（5）装饰材料

1）材料定货不及时；

2）供货商的选择不当；

3）材料因现场保管不当而损坏；

4）材料运输延误。

（6）工人

1）未按计划调配劳动力；

2）装饰装修工人素质低，成品损坏严重。

（7）施工设备

1）施工设备配备不足，经常出现停工待料；

2）施工设备维修保养水平低，管理水平低。

5.1.2　分析装饰装修工程项目进度偏差产生的影响

通过实际进度和计划进度的比较方法，如果判断出现进度偏差时，首先应当分析偏差对后续工作和对总工期的影响，然后决定是否进行进度的调整以及调整的方法和措施，最终获得符合实际进度情况和计划目标的新进度计划。

（1）判断此进度偏差是否为关键工作

若总时差为零，则出现偏差的工作为关键工作，无论偏差大小，都对后续工作及总工期产生影响，必须采取相应的调整措施。

若总时差不为零，则出现偏差的工作不是关键工作，还需要进一步根据偏差值与总时差和自由时差的大小关系，确定对后续工作的影响。

（2）分析进度偏差是否大于总时差

如果工作的进度偏差大于该工作的总时差，说明此偏差必将影响后续工作和总工期，必须采取相应的调整措施。

如果工作的进度偏差小于或等于该工作的总时差，说明此偏差对总工期无影响，但它对后续工作的影响程度需要比较偏差与自由时差的情况来确定。

（3）分析进度偏差是否大于自由时差。

如果工作的进度偏差大于该工作的自由时差，说明此偏差对后续工作产生影响，应该如何调整，还要根据后续工作允许影响的程度确定。

如果工作的进度偏差小于或等于该工作的自由时差，则说明此偏差对后续工作无影响，原进度计划可以不作调整。

5.1.3　装饰装修工程项目进度计划的调整

进度控制人员发现影响工期的进度偏差时，应分析实施的进度计划，进行及时的调整，保证进度控制目标的实现。进度计划的调整方法有：

（1）改变某些工作之间的逻辑关系

在工作之间的逻辑关系允许改变的条件下，通过改变关键路线和超过计划工期的非关键路线上有关工作的逻辑关系，达到缩短工期的目的。例如把顺序施工的某些工作改成平行施工、搭接施工或流水施工，其调整的效果是显著的。但这可能产生一些问题，如资源的限制，平行施工要增加资源的投入强度；工作面限制及由此产生的现场混乱和低效率问题。因此必须做好协调工作。另外如果原进度计划是按搭接施工或流水施工方式编制的，而且安排紧凑，其可调范围十分有限。

（2）缩短某些工作的持续时间

缩短某些工作的持续时间，是使工程进度加快，保证实现计划工期，而不改变工作之间的逻辑关系。被压缩持续时间的工作是位于由于实际进度拖延而引起总工期增长的关键线路和某些非关键线路上的工作。这种方法通常是在网络计划图上进行的，即为网络计划优化中的工期优化与工期成本优化。调整方法有：

1）网络计划中某项工作进度拖延的时间在该工作的总时差范围内和自由时差以外。

这种拖延不会对总工期产生影响，但会对后续工作产生影响。因此在调整前，需要确定后续工作允许拖延的时间限制，并以此作为进度调整的限制条件，其步骤为：

①通过跟踪监测，确定受影响的后续工作；

②确定受影响后续工作允许拖延的时间限制，作为进度调整的限制条件；

③按实际进度重新计算网络参数，确定各受影响后续工作的允许开始时间；

④检查各允许开始时间能否满足进度调整的限制条件。如果不满足，则利用工期成本优化方法来确定需要压缩的工作以满足限制条件。

2）网络计划中某项工作进度拖延的时间在该工作的总时差范围以外。

这种拖延将对后续工作和总工期产生影响，其进度计划的调整分为以下三种情况：

①项目总工期不允许拖延：

采用工期成本优化方法，以原进度计划总工期为目标寻找缩短持续时间的关键工作，通过压缩关键工作来保证原进度计划总工期的实现。

②项目总工期允许拖延：

采用实际数据代替原始数据，重新计算网络参数，确定最后完成的总工期。

③项目总工期允许拖延但有时间限制：

以总工期的限制时间作为规定工期，对尚未实施的网络计划进行工期成本优化，通过压缩网络计划中某些工作的持续时间，来满足工期要求。

5.1.4 装饰装修工程项目进度计划的保证措施

工程项目进度的保证措施主要有组织措施、技术措施、合同措施、经济措施和信息管理措施等。

（1）组织措施

落实各层次的进度控制人员的编制、具体任务和工作责任；建立进度控制的组织系统；根据装饰装修工程项目的规模、组成、实施顺序、专业工种及合同要求进行项目分解，确定进度控制工作制度，如检查时间、方法、协调会议时间、参加人员等；对影响进度的因素分析和预测。

（2）技术措施

采用既能保证质量和安全又能加快施工速度、降低成本的先进的施工技术方法；采用流水作业法、网络计划技术等先进的进度计划管理办法。

（3）合同措施

加强合同管理，对分包单位签订工程合同的合同工期与有关进度计划目标相协调，明确合同中关于工期的奖罚条款；严格控制合同变更；加强风险管理，在合同中充分考虑风险因素及其对进度的影响和处理办法。

（4）经济措施

是实现进度计划的资金保证措施。要建立健全相应的奖惩制度，对提前工期给以奖励；对应急赶工给以赶工费；对拖延工期给以罚款；加强索赔管理。

（5）信息管理措施

不断地收集工程实际进度的有关资料，进行整理统计与计划进度比较，定期地向建设单位提供比较报告，并分析影响进度的程度，以便采取对策。

实 训 课 题

某统计局将原有办公楼重新进行装修，二层楼某工程项目的网络计划如图 6-13 所示。施工中进度检查人员检查时，发现第 4 天的实际进度为：A、B、C、D 工作已经完成，E 工作已经进行了 2 天，G 工作进行了 1 天，H 工作尚未开始。

问题：

1. 装饰装修工程项目的实际进度与计划进度的比较方法有哪些？

2. 二层楼某工程项目的实际进度与计划进度计划的比较宜采用哪一种检查的方法？如何检查？

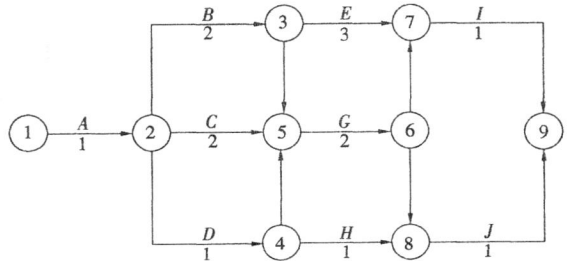

图 6-13 二层楼某工程项目网络计划图

思 考 题 与 习 题

1. 装饰装修工程项目进度控制的内容有哪些？

2. 如何用 S 型曲线比较法判断实际进度与计划进度的关系？

3. 怎样对装饰装修工程项目的进度计划进行调整？

单元 7 装饰装修工程项目成本控制

知 识 点：装饰装修工程项目成本控制的概念和内容 成本控制的原则 成本控制的过程 成本控制的方法 价值工程在成本控制中的作用 降低成本的措施

教学目标：通过学习，要求掌握成本控制的概念、内容、原则、方法和过程，了解价值工程在成本管理中的应用及拟订降低成本的具体措施。

课题 1 装饰装修工程项目成本控制的基本理论

1.1 概 述

1.1.1 装饰装修工程项目成本和成本控制的概念和内容

成本是一种耗费，是耗费劳动（包括活劳动和物化劳动）的货币表现。装饰装修工程项目成本是指装饰装修企业以装饰装修工程项目为成本核算对象的施工过程中所发生的全部生产费用的总和，即装饰装修工程项目的施工成本。它是装饰装修项目施工过程中所耗费的生产资料转移价值和劳动者必要劳动所创造的价值的货币形式。

（1）装饰装修工程项目成本的构成和形式

1）装饰装修工程项目成本的构成，按成本的经济性质由直接成本和间接成本组成。直接成本是指施工过程中耗费的构成工程实体或有助于工程实体形成的各项费用支出，具体包括人工费、材料费、机械使用费及其他直接费。间接成本是指企业内各项目经理部为实施准备、组织和管理工程的全部费用的支出。具体包括现场管理人员的薪金、劳动保护费、职工福利费、办公费、差旅交通费、固定资产使用费、工具用具使用费、保险费及其他费用。

2）装饰装修工程项目成本的形式根据成本管理的要求来划分，分为承包成本、计划成本和实际成本。承包成本是根据工程量清单计算出来的工程量，企业的基础定额和由各地区的市场劳务价格、材料价格信息，按有关取费的指导性费率进行计算的。承包成本是反映企业竞争水平的成本，是确定工程造价的基础，也是编制计划成本和评价实际成本的依据。计划成本是指项目经理部根据计划期的有关资料（如工程的具体条件和企业为实施该项目的各项技术组织措施），在实际成本发生前预先计算的成本。它反映了企业在计划期内应达到的成本水平。实际成本是项目在报告期内实际发生的各项生产费用的总和。把实际成本与计划成本比较，可揭示成本的节约和超支，考核企业的技术水平及技术组织措施的贯彻执行情况和企业的经营效果。实际成本与承包成本比较，可以反映工程盈亏情况。

3）装饰装修工程成本的形式按生产费用与工程量的关系来划分，分为固定成本和变动成本。固定成本是指在一定期间和一定的工程量范围内，其发生的成本额不受工程量的增减变动的影响而相对固定的成本。如折旧费、大修理费、管理人员工资、办公费、照明费等。这一成本是为了保持企业一定的生产经营条件而发生的。一般来说，固定成本每月基本相同。但是，当工程量超过一定范围时则需要增添机械设备和管理人员，此时固定成本将会发生变动。变动成本是指发生总额随着工程量的增减变动而成正比变动的费用，如直接用于工程的材料费、实行计件工资制的人工费等。这种划分的意义在于，由于固定成本是维持生产力所必须的费用，要降低单位工程量的固定成本，就需从提高劳动生产率，增加企业总工程量数额并降低固定成本的绝对值入手，降低变动成本就需从降低单位分项工程的消耗定额入手。

4）装饰装修工程成本的形式按生产费用计入成本的方法，分为直接成本和间接成本。直接成本是指直接耗用于并能直接计入工程对象的费用；间接成本是指不能直接用于也无法直接计入工程对象，但为进行工程施工必须发生并可通过一定的方法分配计入工程对象的费用。这种分类方法，能正确反映工程成本的构成，考核各项生产费用的使用是否合理，便于找出降低成本的途径。

企业所发生的企业管理费、财务费用，应按规定计入当期损益，即计为期间费用，不得计入施工项目成本。

企业下列支出不仅不得列入施工项目成本，也不能列入企业成本，如为购置固定资产、无形资产和其他资产的支出；对外投资的支出；被没收的财物、支付的滞纳金、罚款、违约金、赔偿金、企业赞助、捐赠支出等。

（2）装饰装修工程项目成本控制的内容

装饰装修工程项目成本控制就是对装饰装修工程项目中所发生的成本费用支出进行有组织、有系统地预测、计划、实施、核算、考核、分析，整理成本资料与编制成本报告等一系列科学管理工作的总称。其目的是在项目成本的形成过程中，对生产经营所消耗的人力资源、物质资源和费用开支进行指导、监督、调节和限制，及时纠正将要发生和已经发生的偏差，把各项生产费用控制在计划成本的范围之内，以保证成本目标的实现。

装饰装修工程项目成本控制工作贯穿于项目建设工作的全过程，成本控制应伴随着项目建设的进行渐次展开，其内容依次有如下工作：

1）企业进行项目成本预测。即通过成本信息和工程项目的具体情况，运用一定的专门方法，对未来的成本水平及其可能发展趋势作出科学的估计。它是企业在装饰装修工程项目实施以前对成本所进行的核算。

2）项目经理部编制成本计划。是项目经理部对项目成本进行计划管理的工具。它是以货币形式编制装饰装修工程项目在计划期内的生产费用、成本水平、成本降低率及为降低成本所采取的主要措施和规划的书面方案，是建立工程项目成本管理责任制、开展成本控制和核算的基础。

3）项目经理部实施成本计划。即项目经理部对装饰装修工程项目成本的实施控制，包括制度控制、定额或指标控制、合同控制等。

4）项目经理部进行成本核算。是指在项目实施过程中所发生的各种费用和形成装饰装修工程项目成本与计划目标成本在保持统计口径一致的前提下进行对比，找出差异。

5）项目经理部进行成本分析。是在工程成本跟踪核算的基础上，动态分析各成本项目的节超原因。即利用项目的成本核算资料，与目标成本以及类似工程项目的实际成本等进行比较，了解成本的变动情况，同时分析主要技术经济指标对成本的影响，系统研究成本变动的因素，检查成本计划的合理性，并通过成本分析，揭示成本变动的规律，寻找降低成本的途径。

6）项目成本考核。即在装饰装修工程项目完成后，对工程项目成本形成中的各责任者，按工程项目成本目标责任制的有关规定，将成本的实际指标与计划、定额、预算进行对比和考核，评定施工项目成本计划的完成情况和各责任者的业绩，并据此给予相应的奖励和处罚。

项目成本控制，首先应建立以项目经理为中心的成本控制体系，确定项目经理是成本控制的第一责任人，然后按内部各岗位和作业层进行目标分解，明确各管理人员和作业层的成本责任、权限及相互关系。一般是成立由工程技术、物资采购、实验测量、质量管理、财务等部门参加的成本控制小组，定期进行项目经济活动分析，同时制定成本管理办法及奖惩办法，做到奖罚分明，以充分调动各级领导和项目所有人员的积极性。项目经理部应对施工过程中发生的、在项目经理部管理职责、权限内能控制的各种消耗和费用进行成本控制。成本控制的目标一旦确定，项目经理部的主要职责就是通过组织施工生产，加强过程控制，千方百计地确保成本目标的实现。

1.1.2 项目成本控制的原则

（1）全面成本控制的原则

装饰装修工程项目的成本控制是对全体参与人员和项目全过程的全面控制。

1）项目成本的全员控制。成本是一项综合性很强的指标，成本控制不仅仅是财会人员的职责，项目成本的高低取决于项目组织中各个部门、单位和班组的工作业绩，也与每个职工的切身利益密切相关，这就需要大家都来关心，项目经理更应该重视这方面的工作。为此，要建立包括各部门、各单位的成本责任网络和班组经济核算体制，形成全员成本控制体系，将成本责任制度融合于经济责任制中，即将可控成本指标分解，落实到各个责任部门和责任个人，并据此考核、评价其业绩及应承担的经济责任。

2）项目成本的全过程控制。在装饰装修工程项目确定以后，自施工准备开始，经过工程施工，到竣工交付使用及保修期结束，每一个阶段都在发生费用，其中每一项经济业务，都要纳入成本控制的轨道，使装饰装修工程项目成本自始至终都应置于有效的控制之下。

（2）动态控制的原则

在项目的进行过程中，由于各种因素的变化，可能是实际成本偏离原来的计划。为此，必须实行动态控制。即根据实际情况对实际成本进行分析检查，并采取相应的措施，不断纠正成本形成过程中的偏差，保证最终成本目标的实现。

（3）目标管理的原则

这是贯彻执行计划的一种方法，它把计划方针、任务、目的和措施等逐一进行分解，提出进一步的具体要求，并分别落实到执行任务的部门、单位和个人。其具体任务包括目标的设定和分解、目标的责任到位和执行检查目标的执行结果、评价目标和修正目标，形成目标管理的计划、实施、检查、处理循环。

（4）节约原则

进行成本控制，提高经济效益的核心是人力、物力、财力消耗的节约。这就要求严格执行成本开支范围、费用开支标准和有关的财务制度，对各项成本费用的支出进行限制和监督；提高施工项目的科学管理水平，优化施工方案，提高生产效率，降低资源消耗；采取预防成本失控的技术组织措施，制止可能发生的浪费。

（5）成本控制有效化原则

要求项目经理部以最少的投入，获得最大的产出；以最少的资源，完成更多的管理工作，提高工作效率。

（6）例外管理原则

在装饰装修工程项目的建设过程中，有一些不经常出现的问题，即"例外"问题，而这些"例外"问题，又往往是关键性的问题，对成本目标的顺利完成影响很大，必须予以高度重视。在管理中，应对这些问题进行重点检查，深入分析，并采取相应的积极的措施加以纠正。

（7）成本控制责、权、利相结合的原则

责任、权力、利益相统一的成本控制才能达到成本控制的目的。实践证明，要使成本控制真正发挥作用，达到预期的目的必须实行经济责任制。从项目经理到每一个管理者和操作者，都必须对成本控制承担自己的责任。而且要授以相应的权力，考核业绩时同奖金挂钩，奖罚分明。

1.1.3　项目成本控制的过程

（1）建立成本控制体系

成本控制体系要从纵向和横向展开管理工作，实现纵向关联部门下级向上级负责，横向关联部门责任明确、团结协作。

（2）确定目标成本

在装饰装修工程施工合同签订后，项目经理在接受法定代表人委托后，应通过主持编制项目管理实施规划等寻求降低成本的途径。采用正确的预测方法，对装饰装修工程项目总成本水平和降低成本的可能性进行分析预测，提出项目的目标成本，为正确的投标决策提供依据，同时也对各方面的管理提出要求，来保证项目的最佳经济效益。

（3）编制成本计划

成本计划是确定项目应该达到的降低成本水平，并制定措施，使之实现的具体方案与规划。目的是最大限度地节约人力、财力，保质保量按期完成工程项目。编制成本计划是实现项目管理计划职能，协调工程项目有序地达到预期成本目标的手段，也是项目总计划的重要组成部分。

装饰装修工程项目成本计划的编制要与设计、技术、生产、材料、劳资等部门的计划密切衔接，综合反映项目的预期经济效果。

（4）实施成本控制

成本控制要在既定工期、质量、安全的条件下，通过目标分解，提出阶段性目标、动态分析、跟踪管理、实施中的反馈和决策，来把工程项目的实际成本控制在计划成本的范围内。成本控制以直接费的监测为中心，不断地对工程项目中各分项工程实物工程量的工程收入和支付的生产费用加以统计，发现超支趋势时及时采取补救措施。

（5）实施成本核算和考核

项目经理部应根据财务制度和会计制度的有关规定，在企业职能部门的指导下，建立项目成本核算制，明确项目成本核算的原则、范围、程序、方法、内容、责任及要求，并设置核算台账，记录原始数据。施工过程中的成本核算，宜以每月为一核算期，在月末进行。成本考核是对项目的经济效益和成本管理的成果的检验。它是项目建设成果考核的一个重要方面，包括对不同项目进行进度的考核。成本考核主要考核降低成本目标完成情况、成本计划执行情况、项目核算中有关内容和方法是否正确，以便对项目的成本管理作出评价。项目成本考核的结果要形成文件，为奖罚责任人提供依据。

（6）进行成本分析

成本分析要分析项目成本的升降情况、经济效益与管理水平的变化情况、各项目成本的收支变化情况，从而总结人工费、材料费、机械费，其他直接费和间接费的耗用情况，提出影响成本升降的原因，总结经验教训，寻求降低项目成本的途径。

（7）成本档案管理

成本管理在项目进行中大量的图表、账簿、计算底稿和文字资料都是宝贵的信息资料，应当认真整理，立卷归档。这对积累经验、提高项目成本管理水平都很有好处。

装饰装修工程项目成本预测和计划为装饰装修工程项目成本的事前管理，即在成本发生之前，根据工程项目的结构类型、规模、工序、工程质量标准、物资准备等情况，运用一定的科学方法，进行成本指标的测算，并编制工程项目成本计划，作为降低工程项目成本的行动纲领和日常控制成本开支的依据。

装饰装修工程项目成本控制和核算为事中管理，即对工程项目进行过程中所发生的各项开支，根据成本计划实行严格的控制和监督，并正确计算工程项目实际成本。

装饰装修工程项目成本考核和分析为事后管理，即通过对实际成本与计划成本的比较，检查项目成本计划的完成情况并进行分析，找出成本升降的主客观因素，总结经验，发现问题，从而进一步确定降低项目成本的具体措施，并为编制或调整下期项目成本计划提供依据。

1.1.4　装饰装修工程成本控制的方法

在装饰装修工程项目的施工过程中，项目经理部采用目标管理的方法对实际施工成本的发生过程进行有效地控制。根据计划目标成本的控制要求，作好施工采购策划，通过生产要素的优化配置，合理使用，动态管理，有效控制实际成本；加强施工定额管理，控制好活劳动和物化劳动的消耗；科学地计划管理和施工调度，避免因施工计划不周和盲目调度造成窝工损失、机械利用率降低、物料积压等而使施工成本增加；加强施工合同管理和施工索赔管理，正确运用合同条件和有关法规，及时进行索赔。

成本控制的方法在工程实际的应用中，主要有以下几种。

（1）控制成本费用的支出。

1）以施工图预算控制成本费用支出。在装饰装修工程项目的成本控制中，项目经理应坚持按照增收节支，全面控制，责、权、利相结合的原则，按照施工图预算，实行以收定支，是有效的控制成本的方法之一。其具体做法是：

①人工费控制。

用施工图预算用工总量控制用工的数量；根据施工图概算人工费单价、管理费和其他因素确定用工单价。项目经理部在签订劳务合同时，应将人工费单价定得低于对外承包合同中的人工单价，其余留部分考虑用于定额外人工费和关键工序的奖励费等。

②材料费控制。

装饰装修工程项目材料费的控制按照"量价分离"的原则，即一是材料用量的控制，二是材料价格的控制。

装饰装修工程材料的价格是由买价、运杂费、运输过程中的合理损耗等组成的。因此，控制材料价格主要是通过市场信息、询价、应用竞争机制和经济合同等手段控制材料采购价格。材料消耗的数量控制在保证符合设计规格和质量标准的前提下，用施工图预算分析的消耗数量来限制，通过限额领料合理使用材料和节约使用材料，避免返工等来有效控制材料物资的消耗。

③机械费控制。

装饰装修工程项目机械费用是由台班数量和台班单价两方面决定的。因此，应优化施工技术方案，注意合理安排装饰施工生产，控制施工规模，降低固定成本开支；加强设备租赁计划管理；加强设备的调度工作，提高现场设备的利用率；加强现场设备的维护保养，提高机械台班产量。

2）建立项目月度财务计划制度，以用款计划控制成本费用支出

建立项目财务计划制度的步骤如下：

①以当月计划产值作为当月财务收入计划，同时由项目各部门根据月度作业计划的具体内容编制本部门的用款计划。

②项目财务部门根据各单位的月度用款计划进行汇总、平衡、调度，同时提出具体实施意见，经项目经理审批后执行。

③在月度财务收支计划执行过程中，项目财务成本控制人员对各部门的实际用款作好记录，及时反馈给相关部门，由各部门自行检查分析节约或超支的原因，总结经验教训，并形成书面检查报告送项目经理和财务部门，以便采取针对性措施。

实行项目月度财务计划制度，用款计划由各部门根据项目实施的需要进行编制，又经过财务部门的综合平衡，由项目经理审核批准后执行，从而使得不必要的费用开支得到严格控制，成本费用开支更加合理。通过项目月度财务计划制度的实施，可以实现收支同步，避免支出大于收入，形成资金紧张的状况。

（2）控制资源消耗

1）以施工预算控制资源的消耗。

①在项目开工前，根据设计图纸计算工程量，并按照有关定额编制整个工程项目的预算，以此作为指导和管理施工的依据。

②对生产班组的任务安排，必须签发施工任务单和限额领料单，并向生产班组进行技术交底。施工任务单和限额领料单的内容应该与预算完全相符。

③在工程中，生产班组应根据实际完成的工程量和实际消耗的人工、材料作好原始记录，作为施工任务单结算的依据。

④任务完成后，根据回收的施工任务单和限额领料单进行结算，并按结算内容支付报酬。

2）建立资源消耗台账，实行资源消耗的中间控制。

资源消耗台账是成本核算的辅助记录。它包括产值构成台账、预算台账、增减台账、用工台账、材料消耗台账、机具使用台账、技术组织措施执行台账和质量成本台账等。

项目财务成员应该根据资源的实际消耗情况，定期向项目经理和有关部门呈送资源情况信息表，项目经理和有关部门收到各种资源的信息表后，应根据资源消耗情况，联系实际工程完成量，分析资源消耗水平和节约超支原因，采取相应措施控制资源的消耗。

3）坚持现场管理标准化，堵住漏洞。

坚持现场管理标准化，要重点做好现场平面布置管理工作和现场安全生产管理工作。现场平面布置应当根据工程特点和场地条件，以配合施工为前提进行合理安排。现场安全生产管理就是要保护工程现场的人身安全和设备安全，堵住一切可能影响项目进行的漏洞，避免一切不必要的损失。

（3）控制其他目标成本

装饰装修工程项目的质量、进度和成本三者是相辅相成，既对立又统一的关系。

1）应用成本与进度同步跟踪的方法控制项目成本。

进度对成本的影响是指通过优化进度，缩短工期，可以降低项目成本。但同时，为加快进度而采用的相应措施会使工作效率降低，增加管理费用，从而造成项目成本的增加。在装饰装修工程项目中，应用成本与进度同步跟踪的方法来进行项目成本的控制的时候，可以运用横道图和网络图来进行分析和处理。

横道图上表达了以下信息：

一是每道工序的进度与成本的同步关系，即施工到什么阶段，就将要发生多少成本；

二是每道工序的计划实施时间与实际实施时间之间的比较，以及对后道工序的影响；

三是每道工序的计划成本和实际成本之间的比较，以及对完成某一时期责任成本的影响；

四是每道工序的提前或拖后对成本的影响程度；

五是整个装饰装修工程项目实施过程中的进度与成本情况。

2）网络图计划的进度与成本同步控制。网络图计划的进度与成本控制和横道计划的进度与成本控制起着相同的作用。所不同的是，网络图计划在装饰装修工程项目进度的安排上更具有逻辑性，而且可以在施工过程中随时进行优化和调整，因而对每道工序的成本控制也更有效。

通过对成本与进度同步跟踪，可以实现以下控制目标：

一是以计划进度控制实际进度；

二是以计划成本控制实际成本；

三是实现成本的动态控制，保证项目成本目标的实现。

3）控制质量成本。质量成本是指项目为保证和提高产品的质量而支出的一切费用，以及未达到质量标准需返工而产生的一切损失费用之和。

进行质量成本控制的步骤为：

第一步，质量成本核算。

将工程进行过程中发生的质量成本费用，按预防成本、鉴定成本、内部故障成本和外部故障成本的明细科目归集，计算各个时期各项质量成本的发生情况。

第二步，质量成本分析。

根据质量成本核算资料进行归纳、比较和分析，主要是分析质量成本总额的构成内容和构成比例；质量成本各要素间的比例；质量成本占预算成本的比例等。

第三步，质量成本控制。

根据以上分析资料，对影响质量成本的关键因素，采取有效措施，进行质量成本控制。

（4）应用成本分析表来控制项目成本。用于成本分析控制手段的成本分析表包括月度直接成本分析表、月度间接成本分析表和最终成本控制报告表。

1）月度直接成本分析表主要反映工程实际完成的实物量和与成本相对应的情况以及与预算成本和计划成本相对比的实际偏差和目标偏差，为分析引起偏差的原因和确定纠偏的措施提供依据。

2）月度间接成本分析表主要反映间接成本的发生情况及其与预算成本和计划成本相比较的实际偏差和目标偏差，为分析引起偏差的原因和确定纠偏措施提供依据。此外还可以通过间接成本占产值的比例来分析支出情况。

3）最终成本控制报告表通过已完成的实物进度、已完产值和已完累计成本，联系尚需完成的实物进度、尚可上报的产值和还将发生的成本，进行最终成本预测，以检查实现成本目标的可能性，并对项目成本控制提出新的要求。

4）定期开展三同步检查，防止项目成本盈亏异常

装饰装修工程项目经济核算的三同步是指统计核算（产值统计）、业务核算（资源消耗统计）、会计核算（成本会计核算）的三同步。根据项目经济活动规律，完成的产值、消耗的资源量、发生的成本数，三者应该同步，否则，项目成本就会出现盈亏异常的情况。要开展定期检查，一旦发现不同步，应该及时查明原因，予以纠正，直到三者同步为止。

课题 2　价值工程在成本控制中的应用

在装饰装修工程项目的管理中应用价值工程的原理进行成本控制是一种较好的方法。应用这种方法对于降低项目的成本，提高其经济效益，增加科技含量，合理配置资源都有较大的意义。

2.1　价值工程的概念与原理以及价值工程在成本管理中的应用

2.1.1　价值工程的概念

价值工程是以提高产品或作业的价值和有效利用资源为目的，通过有组织的创造性工作，寻求用最低的寿命周期成本，可靠地实现使用者功能的一种管理技术。这里的"工程"的含义是指为实现提高价值的目标，所进行的一系列分析研究的活动。这里的"价值"也是一个相对的概念，是指作为某种产品或作业所具有的功能与获得该功能的全部费用的比值。它不是对象的使用价值，也不是对象的交换价值，而是对象的比较价值，是作为评价事物的有效程度的一种尺度提出来的。其数学表达式为：

$$V = F/C$$

式中　V——价值；

　　　　F——研究对象的功能，广义讲是指产品或劳务的功用和用途；

　　　　C——成本，即寿命周期成本，包括劳动占用和劳动消耗。就顾客而言，成本是指

产品的寿命周期的全部费用。它等于购置、维修和使用产品所花费用的总和。就生产企业而言，是指为了生产产品所耗费的科研、设计、试验、试制、生产和维修的全部费用。

根据价值公式可以看出：一方面，该公式客观地反映了用户的心态，都想买到价廉物美的产品或作业，因而必须考虑功能和成本的关系，即价值系数的高低；另一方面，又提示产品的生产者和作业的提供者，可以用下列的途径来提高产品或作业的价值：

（1）功能不变，成本降低。通过改进设计，保证功能不变，从而使实现功能的成本有所下降。

（2）成本不变，功能提高。通过改进设计，保持成本不变，从而使功能有所提高，如提高产品的性能、可取性、寿命、维修性等，以及在产品中增加某些用户希望的功能。

（3）功能提高，成本降低。通过改进设计，既提高功能，又降低成本，从而使价值大幅度提高。这是最理想的途径，也是对资源最有效的利用。但对生产者要求较高，往往要借助科学技术才能实现。

（4）成本略有提高，功能大幅度提高。通过改进设计，虽然成本有所上升，但换来功能大幅度的提高。在这种情况下，顾客可以用稍高的价钱买到比原来质量高很多的产品。这种途径特别适用于升级换代的产品，因为只要产品具有某些独特的功能，就会比同类产品更具竞争力。

（5）功能略有下降，成本大幅度下降。对于某些产品，在不严重影响使用要求的情况下，适当降低产品功能的某些非主要方面的指标，以换取成本较大幅度的降低。这种情况下功能虽然降低了些，但仍能满足顾客对产品的特定功能要求。以微小的功能下降换得成本较大的降低，最终也是提高了产品的价值。

总之，在产品形成的各个阶段都可以运用价值工程提高产品的价值。但在不同的阶段进行价值工程活动，其经济效果的提高幅度却是大不相同的。价值工程不单纯地追求降低成本，也不片面追求提高功能，是要求提高这两者之间的比值，研究产品功能和成本的最佳匹配。

2.1.2 价值工程的主要特点

（1）着眼于寿命周期成本

价值工程对降低成本的考虑，着眼于寿命周期成本，即不仅要降低生产成本，而且要降低使用成本，以提高产品的竞争能力。因为用户购买产品时，不仅要考虑产品的价格，也要考虑产品的使用成本。装饰装修工程项目的寿命周期，应从可行性研究开始到保修期结束，其寿命周期成本也就应包括这期间的成本。

（2）侧重于功能分析

价值工程的核心是对产品或作业进行功能分析。这就是：在装饰装修工程项目设计时，要在对产品或作业进行结构分析的同时，还要对产品或作业的功能进行分析，从而确定必要的功能和实现必要功能的最低成本方案；在装饰装修工程项目施工时，也要对工程结构、施工条件及其功能进行分解，以确定实现施工方案及其功能的最低成本计划。

（3）价值工程是一项有组织的集体活动

在应用价值工程时，必须有一个组织系统，把各专业人员（如施工技术、质量安全、施工管理、材料供应、财务成本等）组织起来，发挥集体的力量，利用集体的智慧来进行，方能达到预定的目标。组织的方法有很多种，在项目建设中，把价值工程活动同质量管理活动结合起来进行，不失为一种值得推荐的方法。

（4）活动领域上价值工程侧重于产品的研制设计阶段

价值工程应用的重点放在产品的研制设计阶段。因为产品的功能和成本主要取决于这个阶段。一旦设计图纸付诸实践，在生产阶段改变施工工艺和设备、调整劳动组织等所需的成本会成倍增长，技术经济效果必然受到严重影响，所以设计上的浪费是最大的浪费。

（5）价值工程将产品价值、功能和成本作为一个整体同时来考虑。也就是说，价值工程中对价值、成本、功能的考虑，不是片面和孤立的，而是在确保产品功能的基础上综合考虑生产成本和使用成本，兼顾生产者和用户的利益，创造出总体价值最高的产品。

（6）价值工程要求将功能定量化，即将功能转化为能够与成本直接相比的量化值。

2.1.3 价值工程的内容与实施步骤

根据价值工程的工作标准，结合装饰装修工程项目施工的特点，装饰装修工程项目的价值工程工作程序可分为以下四个阶段实施：

（1）准备阶段

1）对象选择。价值工程的应用对象和需要分析的问题应根据项目的具体情况来确定，一般可以从下列三方面来考虑：

设计方面，如设计标准是否过高，设计内容中有无不必要的功能，要对结构复杂、性能和技术指标差距大、体积大、重量大的产品进行价值工程活动，从而使产品结构、性能、技术水平得到优化，提高产品的价值；施工方面，主要是寻找实现设计要求的最佳施工方案，如分析施工方法、机械设备等有无不必要的功能；成本方面，要选择成本高于同类产品、成本比重大的，如材料费、管理费、人工费等，推行价值工程就是要降低成本，以最低的寿命周期成本可靠地实现必要的功能。

2）组织价值工程小组。价值工程小组的建立要根据选定的对象来组织，可在项目经理部组织，也可在班组中组织，还可上下结合起来组织。

3）制定工作计划。价值工程的工作计划，其主要内容应该包括：预期目标、小组成员及分工、开展活动的方法和步骤等。

（2）分析阶段

1）先收集资料，包括基础资料，系指本项目及企业的基本情况，如企业的技术素质和施工能力，本项目的工程特点和施工组织设计等；技术资料，如项目的设计文件，用料规格和质量等；经济资料，如项目的施工预算，成本计划和工、料、机费用的价格等；业主对装饰装修工程项目的使用要求。此外，还要收集环境保护方面以及政府和社会有关部门的法律、法规、条例等方面的信息资料。

收集的资料及信息一般需加以分析、整理，剔除无效资料，使用有效资料，以利于价值工程活动的分析研究。

2）进行功能分析。对项目实体进行系统的功能分析，如分析项目的每个部位、每个分项工程，甚至每道工序在项目施工中的作用。对象选择的方法主要有强制打分法。其步骤为：

第一步,将各个分部工程排列起来,一对一地进行重要性比较(即每一分部工程分别与其他分部工程比较),重要的得 1 分。不重要的得 0 分。每一分部工程与其他分部工程比过一轮,求出各自的重要性得分累计,各过程得分累计之和为总分。第二步,计算功能系数。每一分部工程得分累计与总分之比,即为该分部工程的功能系数,又称功能评价系数。

$$功能系数 = 分部工程得分数/施工项目得分数$$

3）实施功能评价,即对工序、分部工程、部位进行功能评价,求出其成本和价值。计算方法如下:

每一分部工程的成本与各分部工程成本总和之比,即成本系数。

$$成本系数 = 分部工程预算成本/总成本$$

以成本系数去除功能系数,即得出每个过程的价值系数。

$$价值系数 = 功能系数/成本系数$$

计算出各过程的价值系数后,以其中价值系数最低的,作为价值分析的对象。

价值系数存在着三种情况:

第一种情况,价值系数小于1,即功能系数小于成本系数,表明该分部相对来说不太重要,而且费用偏高,应作为价值分析的对象。

第二种情况,价值系数大于1,即功能系数大于成本系数,表明该分部比较重要,而成本偏高,是否需要提高费用应视具体情况而定,因为有时也可能有过剩的功能。

第三种情况,价值系数趋近或等于1,说明该分部的重要性与其费用相适应,是比较合理的。可不作为价值工程分析的对象。

有时某一零部件的积分为0,说明和其他零部件相比,其重要性差一些。如根本就是多余的,在进行价值分析时,可将其取消或与其他项目合并,以降低成本。

（3）方案创新和评价阶段

1）提出改进方案,其目的是寻找有无其他方法能实现这项功能。

2）评价改进方案,主要是对提出的改进方案从功能和成本两方面来进行评价,具体计算新方案的成本和功能值。

3）选择最优方案,即根据改进方案的评价,从中优选最佳方案。

（4）实施与验收阶段

1）提出新方案,报送项目经理审批,有的还要得到监理工程师、设计方甚至业主的认可。

2）实施新方案,并对新方案的实施进行跟踪检查。

3）进行成果验收和总结。

2.1.4　价值工程在装饰装修工程项目成本控制中的应用

由于价值工程扩大了成本控制的范围,从控制项目的寿命周期费用出发,应结合施工,研究工程设计的技术经济的合理性,探索有无改进的可能性。也就是应用价值工程分析功能和成本的关系,以提高项目的价值系数,同时通过价值分析来发现并消除工程设计中不必要的功能,达到降低成本,降低投资的目的。

（1）价值工程在装饰装修工程项目中的作用

1）通过对工程设计的价值分析,可以更加明确业主单位的要求,更加熟悉设计要求、结构特点和项目所在地的环境,从而更有利于施工方案的制订,更能得心应手地组织和控制项目施工。

2）通过价值分析,可以在保证质量的前提下,为用户节约投资,提高功能,降低寿命周期成本，从而赢得业主的信任，大大有利于甲乙双方的和谐与协调。同时，也能提高企业自身的社会知名度，增强市场竞争力。

3）通过价值分析，可以提高项目组织的素质，加强内部组织管理，降低不合理消耗等。

（2）价值工程在装饰装修工程项目设计中的应用

由于装饰装修工程可以有不同的设计方案，从而有不同的造价，因此可以通过价值分析来进行方案的选择。在价值工程的分析中，对上位功能进行分析比对下位功能进行分析和改善的效果好，对功能领域进行分析和改善比对单个功能进行分析和改善的效果好。因此，价值工程可以广泛应用于装饰装修工程项目设计方案的选择。

（3）价值工程在装饰装修工程项目施工中的应用

1）通过对施工的价值分析可以制订技术先进、经济合理的施工方案，实现施工项目成本控制。

2）通过价值分析进行技术经济分析，确定最佳施工方案。

3）结合施工方法，进行材料使用的比较，在满足功能要求的前提下，通过代用、改变配合比、使用添加剂等方法来降低材料消耗。

4）结合施工方法，进行机械设备选型，确定最合适的机械设备的使用方案。如机械要选择功能相同、台班费最低，或台班费相同、功能最高的机械。

5）通过价值工程活动，结合项目的施工组织设计和所在地的环境，对降低材料的库存成本和运输成本进行分析，以确定最节约的材料采购方案和运输方案，以及最合理的材料储备。

课题 3　装饰装修工程项目降低成本的措施

3.1　装饰装修工程项目降低成本的措施

3.1.1　成本控制的措施

（1）组织措施

建立成本控制组织保证体系，有明确的项目组织机构，使成本控制有专门机构和人员管理，任务职责明确，工作流程规范化。

（2）技术措施

应用价值工程于设计、施工阶段进行多方案选择，严格审查初步设计、施工图设计、施工组织设计和施工方案，严格控制设计变更，研究采取相应的有效措施来达到降低成本的目的。

（3）经济措施

推行经济成本责任制，将计划目标进行分解落实到基层，动态地对装饰装修工程项目的计划成本和实际成本进行比较分析，严格各项费用的审批和支付，对节约投资采取鼓励措施。

（4）合同措施

通过合同条款的制订，明确和约束在设计、施工阶段控制工程成本。

（5）信息管理措施

采用计算机辅助进行成本控制。

3.1.2 装饰装修工程项目的成本控制应做好的工作

（1）建立与市场经济相适应的管理机制、规范管理程序

以项目管理为核心，建立健全生产力要素市场，实行以等价交换为原则的有偿使用、有偿服务。企业内部市场也要依据这个原则为项目提供物资和劳务。会计工作要改变原来财务会计以编送会计报表为主要目标的做法，把核算的重点转移到工程项目和内部市场的经济目标及其结果上来。

（2）将责任成本注入工程成本核算中

责任成本是财务成本的发展和延伸。建立健全项目责任成本核算机制是实施成本控制的核心环节。在工程项目中把委托财务成本、责任成本的双轨制变成单轨制，在核算项目上分开可控成本和不可控成本，凡是可控成本都作为项目班子的责任成本，通过考核分析，落实其责任，提高经济效益。

（3）做好以下几个结合

1）同生产经营和科学技术密切结合，全面挖掘降低成本的潜力；

2）同抓好工程质量、保证项目功能相结合，在保证工程质量和功能的前提下，实现项目成本目标，做到既提高质量，又降低成本；

3）同保证工程项目的工期相结合，做到既提高效率、缩短工期，又减少费用开支；

4）同全员管理成本相结合，把项目成本目标落实到项目班子、项目管理成员及全体职工中，要用系统论的思想，正确处理项目成本目标保证体系与各方面的关系。

3.1.3 装饰装修工程项目实施各阶段降低成本的措施

（1）装饰装修工程项目设计阶段

1）推行工程设计招标和方案竞选。通过招标和设计方案竞选有利于择优选定设计方案和设计单位；有利于控制项目投资，降低工程造价，提高投资效益；有利于采用技术先进、经济适用、设计质量水平高的设计方案。

2）推行限额设计。限额设计是按照批准的设计任务书及成本估算控制初步设计，按照批准的初步设计总概算控制施工图设计，同时各专业在保证达到使用功能的前提下，按分配的成本限额控制设计，严格控制技术设计和施工图设计的不合理变更，保证总投资限额不被超过。

装饰装修工程项目限额设计的全过程实际上就是装饰装修工程项目在设计阶段的成本目标管理过程，即目标设置、目标管理、目标实施检查、信息反馈的控制循环过程。

3）加强设计标准和标准设计的制订和应用。设计标准是国家的技术规范，是进行工程设计、施工和验收的重要依据，是进行工程项目管理的重要组成部分，与项目成本密切相关。标准设计也称通用设计，是经政府主管部门批准的整套标准技术文件图纸。

采用设计规范可以降低成本，同时可以缩短工期。标准设计是按通用条件编制的，能够较好地贯彻执行国家的技术经济政策，密切结合当地自然条件和技术发展水平，合理利用能源、资源和材料设备，从而能够大大降低工程造价。

（2）装饰装修工程项目施工阶段

1）认真审查图纸，积极提出修改意见。在装饰装修工程项目的实施过程中，施工单

位应当按照装饰装修工程项目的设计图纸进行施工建设。但由于设计单位在设计中考虑得不周到，设计的图纸可能会给施工带来不便。因此，施工单位应在认真审查设计图纸和材料、工艺说明书的基础上，在保证工程质量和满足用户使用功能要求的前提下，结合项目施工的具体条件，提出积极的修改意见。施工单位提出的意见应该有利于加快工程进度和保证工程质量，同时还能降低能源消耗，增加工程收入。在取得业主和施工单位的许可后，进行设计图纸的修改，同时办理增减账。

2) 制定技术先进、经济合理的施工方案。施工方案的制定应该以合同工期为依据，结合装饰装修工程项目的规模、性质、复杂程度、现场条件、装备情况、员工素质等因素综合考虑。施工方案主要包括施工方法的确定、施工机具的选择、施工顺序的安排和流水施工的组织四项内容。施工方案应该具有先进性和可行性。

3) 落实技术组织措施。落实技术组织措施，以技术优势来取得经济效益，是降低成本的一个重要方法。在装饰装修工程项目的实施过程中，通过推广新技术、新工艺、新材料都能够起到降低成本的目的。另外，通过加强技术质量检验制度，减少返工带来的成本支出也能够有效地降低成本。为了保证技术组织措施的落实，并取得预期效益，必须实行以项目经理为首的责任制。由工程技术人员制定措施，材料负责人员供应材料，现场管理人员和生产班组负责执行，财务人员结算节约效果，最后由项目经理根据措施执行情况和节约效果对有关人员进行奖惩，形成落实技术组织措施的一条龙。

4) 做好工程项目成本计划。成本计划是装饰装修工程项目实施之前所做的成本管理准备活动，是工程项目管理系统运行的基础和条件。项目经理部应根据施工组织设计和生产要素的配置等情况，按进度计划确定项目的月、季成本计划和项目的总成本计划，作为控制施工过程成本的依据，使项目经理部人员及施工人员无论在工程进行到何种进度，都能事前清楚知道自己的目标成本，以便采取相应手段控制成本。

5) 组织均衡施工，加快施工进度。凡是按时间计算的成本费用，如项目管理人员的工资和办公费、现场临时设施费和水电费、以及施工机械的周转设备的租赁费等，在施工周期缩短的情况下，会有明显的节约。但由于施工进度的加快，资源使用的相对集中，将会增加一定的成本支出，同时，容易造成工作效率降低的情况。因此，在加快施工进度的同时，必须根据实际情况，组织均衡施工，做到快而不乱，以免发生不必要的损失。

6) 加强劳动力的管理，提高劳动生产率。改善劳动组织，优化劳动力的配置，合理使用劳动力，减少窝工；加强技术培训，提高工人的劳动技能和劳动熟练程度；严格劳动纪律，提高工人的工作效率，压缩非生产用工和辅助用工。

7) 加强材料管理，节约材料费用。材料成本在装饰装修工程项目成本中所占的比重很大，具有较大的节约潜力。材料成本的节约，是降低成本的关键。在成本控制中应该通过加强材料采购、运输、收发、保管、回收等工作的方法，来达到减少材料费用、节约成本的目的。根据施工需要合理储备材料以减少资金占用；加强现场管理，合理堆放，减少搬运，减少仓储和损耗；通过限额领料落实，严格执行材料消耗定额；坚持余料回收，正确核算消耗水平；合理使用材料，扩大材料代用范围；推广使用新材料。

8) 加强机具管理，提高机具利用率。结合施工方案的制订，从机具性能、操作运行和台班成本等因素综合考虑，选择最适合项目施工特点的施工机具；做好工序、工种机具施工的组织工作，最大限度地发挥机具效能；做好机具的平时保养维修工作，使机具始终保持完好状态，随时都能正常运转。

9）加强费用管理，减少不必要的开支。根据项目需要，配备精干高效的项目管理班子；在项目管理中，积极采用量、本、利分析，价值工程，全面质量管理等降低成本的新管理技术；制定项目管理开支标准和范围，落实各部门和各岗位的控制责任；制定并严格执行项目经理部的管理费用使用的审批、报销制度；严格控制各项费用支出和非生产性开支。

10）充分利用激励机制，调动职工增产节约的积极性。

从装饰装修工程项目的实际情况出发，树立成本意识，划分成本控制目标，用活用好奖惩机制，通过责、权、利的结合，对员工执行劳动定额，实行合理的工资和奖励机制，对关键工序施工的关键班组要实行重奖，对材料操作损耗特别大的工序，可由生产班组直接承包。这样能够大大提高全体员工的生产积极性，提高劳动效率，减少浪费，从而有效地控制工程成本。

（3）制定考核制度，进行事后的总结分析

事后分析是下一个循环周期事前科学预测的开始，是成本控制工作的继续。项目经理部应在坚持每月每季度综合分析的基础上，采取回头看的方法，及时检查、分析、修正、补充，以达到控制成本和提高效益的目的。具体地说，项目经理部要根据制定的考核制度，对成本管理责任的相关部门、相关人员及施工作业队进行考核。考核的重点是完成工作量、材料费、人工费、机械使用费四大指标，根据考核结果决定奖罚和任免，体现奖优罚劣的原则。装饰装修工程项目完工后，项目经理部将移向新的项目，应组织有关人员及时清理现场的剩余材料和机械，辞退不需要的人员，支付应付的费用，以防止工程竣工后，继续发生包括管理费在内的各种费用。同时根据施工过程中的成本考核情况，做好竣工总成本结算，并根据其结果，评价装饰装修工程项目成本管理工作，总结其得与失，及时对有关人员进行奖罚。

实 训 课 题

1．根据单元1（见本书××页）案例，估算该装饰装修工程项目的成本，拟订各阶段的成本控制办法。要求：办法具体，具有可操作性。

2．在案例中，应用价值工程的原理，进行该装饰装修工程项目的功能分析，说明在内部装饰涂料的选用方面，应采用哪些种类的涂料才能达到价值较高的目的。

思 考 题 与 习 题

1．什么是装饰装修工程项目成本？装饰装修工程成本是怎样分类的？

2．装饰装修工程成本控制的内容有哪些？

3．成本控制应遵循哪些原则？

4．成本控制的程序是怎样的？成本控制的方法有哪些？

5．什么是价值工程？提高价值的途径有哪些？价值工程有哪些特点？

6．价值工程分析的程序是怎样的？

7．举例说明如何降低装饰装修工程项目成本？

单元8 装饰装修工程项目生产要素管理

知 识 点: 生产要素、生产要素管理、生产要素管理的环节、人力资源管理、材料管理、施工机具管理、资金管理、技术管理、内部模拟市场管理的构成及运行。

学习目的: 通过学习,要求掌握装饰装修工程项目生产要素及生产要素管理的基本概念、管理的目的和管理的主要环节,全面认识各项生产要素管理的内容;了解内部模拟市场的构成及运行。

课题1 装饰装修工程项目生产要素管理概述

1.1 装饰装修工程项目生产要素管理概述

1.1.1 装饰装修工程项目生产要素管理的基本概念和管理目的

(1) 生产要素是指人们在一切社会生产活动中创造出产品所必要的各种要素,即形成人的因素和物的因素,亦即生产力构成的各种要素。施工生产活动中,生产要素表现为人力资源、材料、机械设备、技术和资金。以上生产要素可以归并为两类:人和生产资料。作为项目实施的基本要素,也被称为项目资源。装饰装修工程项目的生产要素是指生产力作用于装饰装修工程项目的有关要素,即投入施工项目的劳动力、材料、机械设备、技术和资金诸要素。在装饰装修工程项目管理过程中,必须对生产要素进行市场调查并认真分析研究,做到合理并优化配置,以求用最小的投入取得最好的经济效益。

(2) 装饰装修工程项目生产要素管理的目的

装饰装修工程项目生产要素管理是指按照装饰装修工程项目的一次性特点和自身规律,对项目实施过程中所需的基本生产要素,从单要素的数量、质量、时间和要素间的组合等方面进行优化配置,实施动态控制、有效利用,以降低要素成本的系统管理方法。

由于项目具有一次性的特点和自身规律,因此需要通过对项目各个要素加强管理,实现生产要素的优化配置,做到动态管理,才能降低项目工程成本,提高经济效益。其目的具体包括:

1) 进行生产要素优化配置,适时、适量、位置适宜地配备或投入生产要素,以满足装饰装修工程项目施工的需要。

2) 进行生产要素的优化组合,即投入项目的生产要素,在施工过程中搭配适当,协调地在项目中发挥作用,有效地形成生产力。

3) 在项目运转过程中,对生产要素进行动态管理,即按照项目的内在规律,有效地计划、组织、协调、控制各种生产要素,使之在项目中合理流动,在动态中寻求平衡。这是因为项目的实施是一个不断变化的过程,对生产要素的需求也在不断变化,其平衡是相对的,不平衡是绝对的。

4）在项目运行过程中，节约地使用资源，以取得减少资源的消耗目的。

1.1.2 装饰装修工程项目生产要素管理的主要环节

（1）编制生产要素计划

计划是优化配置和组合的手段。编制生产要素计划是根据装饰装修工程项目的进度、工程量、施工组织计划和环境等条件，进行生产要素的计划和优化配置的工作。其目的是对资源投入量、投入时间、投入步骤作出合理的安排，以满足装饰装修工程项目进行的需要。生产要素管理应侧重于项目实施对各要素需求的测定和要素计划的编制、执行和控制，其结果表现为项目生产要素使用的有效性。

（2）生产要素的供应

生产要素的供应是按生产要素计划，从资源的获得到投入使用，保证全过程生产要素能够满足项目进行的需要。装饰装修工程项目生产要素供应要求以企业物流管理部门为来源，直到作业层使用生产要素的过程，是使生产要素计划得以实现、项目实施对生产要素的需要得以保证的过程。

（3）生产要素的使用控制

根据各种资源的特性，设计出科学的措施，进行动态配置和组合，协调投入，合理使用，不断纠正偏差，以尽可能少的资源满足项目的使用，达到节约的目的。生产要素的使用权应集中在项目经理部，为了实现生产要素的计划和供应，控制和节约生产要素的使用，降低要素成本，企业管理层和项目经理部之间应建立有效的项目管理体制，以发挥企业项目经理部在施工项目实施过程中的领导作用。

（4）生产要素的核算

进行生产要素投入、使用与产出的核算，以实现节约使用的目的。

（5）生产要素的使用分析

一方面是对管理的总结，找出经验和问题，评价管理活动；另一方面又为管理提供储备和反馈信息，以指导下一环节的管理工作，以求更好的经济效益与社会信誉。

课题 2　装饰装修工程项目生产要素管理的内容

2.1　装饰装修工程项目生产要素管理的内容

2.1.1　人力资源管理

人力资源管理是指在一个装饰装修工程项目的实施过程中，项目经理部需要进行的劳动力要素的取得、计划与配置、供应、培训教育、使用和评价等一系列具体工作。其目的是对装饰装修工程项目进行中的人力进行合理的调配使用和有效的动态管理，以达到提高劳动效率，降低装饰装修工程项目成本的目的。装饰装修工程项目人力资源管理的管理者是项目经理部，管理对象是项目所需的全部人力资源，其具体内容如下：

（1）劳务承包责任制

企业内部的劳动服务方式应当实行劳务承包责任制，即由企业劳务管理部门与项目经理部通过签订劳务承包合同，派遣作业队完成承包任务。劳务管理部门和项目经理部之间劳务合同的内容一般包括：

1）作业任务及应提供的计划工日数和劳动力人数；

2）进度要求及开工、完工时间；

3）施工现场的作业条件；

4）双方的管理责任；

5）劳务费计取及管理方式；

6）奖励和处罚。

签订劳务合同后，劳动管理部门要向作业队下达劳务承包责任状。劳务承包责任状是上级向下级下达任务，下级向上级作出承诺的协议性文件，其内容包括：作业队承包的任务内容和计划安排，对作业队的进度、质量、安全、节约、协作和文明施工的要求，对作业队的奖惩规定等。

（2）劳动分配

1）劳动分配的内容

项目经理部与企业劳务管理部门的劳务费结算，企业劳务管理部门与作业队之间的劳务费结算，作业队与作业班组之间的劳务费结算，班组内部的劳务费结算。

劳务费的结算包括劳动报酬的支付和奖惩收支。

2）劳动分配的依据

劳动分配的依据包括企业的劳动分配制度、劳动工资核算资料和设计预算、劳务承包合同和劳务责任状、劳务考核结果。

3）劳动分配的方式

第一，项目经理部应该依据劳务合同，按照核算制度，按月向劳务管理部门支付劳务费。企业劳务管理部门在与项目经理部签订劳务合同的时候，应该在承包造价的范围内，扣除项目经理部的现场管理工资额和应缴企业的管理费分摊额，对承包劳务费进行合同约定。

第二，劳务管理部门负责按劳务责任状，按月向作业队支付劳务费。费用支付额应当根据劳务合同收入总量，扣除劳务管理部门管理费及应缴企业部分，经核算后支付。

第三，作业队向劳动班组支付工资和奖金。在考核进度、质量、安全、节约、文明施工的基础上，按件进行工资的支付。

第四，班组向工人进行劳务费分配实行结构工资制，并根据工作表现对考核结果进行浮动。

（3）劳动力的动态管理

劳动管理部门在劳动力的动态管理中起着主导作用。在项目进行过程中，劳动管理部门应当根据装饰装修工程项目进行过程的需要和变化，对劳动力进行企业范围内的平衡、调动和统一管理，既要满足项目进行过程中对劳动力的需求，又要能够在任务完成后及时收回作业人员，进行重新平衡、派遣。

项目经理部是装饰装修工程项目进行过程中劳动力动态管理的直接负责单位。在项目进行过程中，项目经理部应当根据装饰装修工程项目任务情况和外部条件的变化，对劳动力进行跟踪平衡和协调，解决劳务失衡，劳务与生产要求脱节等问题，以达到劳动力数量、工种和技术能力的相互配合，满足施工要求，实现劳动力动态优化组合，达到提高劳动效率的目的。在装饰装修工程项目施工过程中要不断进行劳动力平衡、调整，解决施工要求与劳动力数量、工种、技术能力、相互配合间存在的矛盾。同时，应与企业管理层保持信息沟通、人员使用和管理的协调。

装饰装修工程的劳动力动态管理应该始终以达到劳动力的优化组合和作业人员的积极性的充分调动为目的的,以装饰装修工程项目进度计划和劳务合同为依据,以企业内部市场为依托,以动态平衡和日常调度为手段,达到劳动力在企业市场内部充分合理流动的目的。

(4) 劳动力的优化配置

装饰装修工程项目劳动力优化配置是依据项目的进度计划和在某个时间段需要的劳动力的数量和种类的情况,进行劳动力资源的平衡和优化。其目的是保证装饰装修工程项目进度计划的顺利实现,并提高劳动效率,使人力资源得到充分的利用,降低工程成本。

1) 劳动力的配置应当在劳动力需用量计划的基础上具体化,必要时根据实际情况对劳动力计划进行调整。

2) 现有的劳动力资源如果能够满足工程进展的要求,配置的时候应当贯彻节约的原则,如果不能满足要求,则应该积极进行平衡调整,并在上岗前进行培训。

3) 配置劳动力时应当遵循积极可靠的原则,让工人有超额完成并获得奖励的可能,从而激发工人的劳动热情。

4) 尽量使作业层正在使用的劳动力和劳动组织保持稳定,防止频繁调动。但当旧的劳动组织不能适应劳动要求的时候,应进行劳动组织的调整,并敢于打乱原来的建制进行优化组合。

5) 为保证作业需要,工种组合、技术工人和体力工人的比例必须适当、配套。

6) 尽量使劳动力均衡配置,便于管理,使劳动资源强度适当,达到节约的目的。

2.1.2 材料管理

由于装饰装修工程项目中,材料费在工程成本中占有很大的比重,所以安排好装饰装修工程项目材料的供应、保管和使用工作对节约材料费用、保证工程质量、降低工程成本有很重要的意义。

(1) 材料供应管理

装饰装修工程项目的材料供应包括制定材料需求计划、进行市场调查、采购定货、运输、进场、签收的全过程。项目经理部根据装饰装修工程范围、技术要求和工期计划等提出材料的使用计划。材料供应部门通过市场调查,综合考虑材料规格、质量、价格、供应能力、地点等因素进行采购定货,然后根据计划安排,组织运输进场并及时做好签收工作。

装饰装修工程项目的材料供应管理是装饰装修工程项目材料管理的首要环节,与材料供应市场关系极为密切。材料供应管理的关键是建立合适的材料供应体制。

(2) 现场材料管理

装饰装修工程项目的现场材料管理,是指材料从进入施工现场到施工结束清理现场为止全过程所进行的材料管理,其内容包括:

1) 材料的进场验收。应当按照工程进度计划组织材料分期分批进场,既要保证需要,又要防止过多占用存储场地,更不能形成大批工程剩余材料。对进场材料按照品种、规格、数量、质量要求进行严格检查验收,并按规定办理验收手续。对不符合计划要求或质量不合格的材料应拒绝验收。

2) 材料的存储与保管。加强现场平面管理。要根据装饰装修工程项目不同进行阶段材料供应品种和数量的变化,调整存放场地,在安全可靠的前提下,尽量减少二次搬运。要保持存料场地整齐清洁。各种进场材料、构件要按照施工总平面图堆放整齐,并经常清理、检查。材料仓库的选址应有利于材料的进出和存放，符合防火、防雨、防盗、防风和防质变的要求。各种材料要按照其自然属性进行合理堆放与存储，明确保管责任，采取有效的措施进行保护。易燃、易爆的材料应专门存放，专人保管，并有严格的防火、防爆措施；有防湿、防潮要求的材料应采取防湿、防潮措施，并做好标识；有保质期的材料应定期检查，防止过期并作好标识。

3）材料的发放。凡有定额的工程用料，凭限额领料单领发材料；施工设施用料也实行定额发料制度，以设施用料计划进行总控制；超限额的用料，用料前应办理手续，填写限额领料单，注明超耗原因，经签发批准后实施；建立领发料台账，记录领发状况和节超状况。

4）材料的使用监督。现场材料管理人员应对现场材料的使用进行分工监督。监督的内容包括：是否按材料做法合理用料，是否认真执行领发手续，是否按规定进行用料交底和工序交接，是否按要求保护材料等。检查要做到情况有记录，原因有分析，责任有明确，处理有结果。

5）材料的回收。及时清理、利用和处理各种废料和料底，及时组织回收退库。对设计造成的多余材料，以及不再使用的周转材料，应当抓紧回收。回收时应当注意回收的手续齐全，建立完整的回收台账。

2.1.3　施工机具管理

装饰装修工程项目施工机具的使用是现代装饰装修工程保证质量、提高功效的重要手段。装饰装修工程项目施工机具管理包括合理选型、购置或租赁，合理使用，正确维修与保养、存放、运送或修理等。项目经理部应采用技术、经济、组织、合同措施保证施工机械设备合理使用，提高施工机械设备的使用效率，降低其使用成本。

（1）人机固定，实行机械使用、保养责任制，将机械设备的使用效益与个人经济利益联系起来。

（2）实行操作证制度，机具操作人员必须经过培训和考试，合格后才能操作机具。机械设备操作人员应严格按照规范作业。

（3）操作人员必须坚持搞好机具的维修保养工作。

（4）实行单机或机组核算，并根据考核的成绩实行奖惩。

（5）建立设备档案制度，以便了解施工机具的情况，便于使用和维修。

（6）合理组织机具施工，加强维修管理，提高施工机具的完好率和单机效率，并合理地组织机具的调配，搞好施工的计划工作。

（7）组织好施工机具的综合利用和流水施工，提高施工机具的利用率。

（8）为施工机具的工作创造良好的条件，注意安全作业。

2.1.4　资金管理

装饰装修工程项目的资金管理也就是财务管理。项目资金管理应保证收入，节约支出，防范风险并提高经济效益。它主要有以下的环节：编制资金计划、筹集资金、投入资金、使用资金，资金的核算与分析。装饰装修工程项目资金管理的要点是：

（1）确定项目经理当家理财的中心地位，项目经理部在企业内部银行中申请开设独立账户，由内部银行办理项目资金的收、支、划、转，由项目经理签字确认。

（2）项目资金不足时，通过内部银行解决。内部银行实行"有偿使用"、"存贷计息"、

"定额考核"的内部管理办法，即定额内低利率、定额外高利率。

（3）项目经理部按月编制资金收支计划，经由有关领导批准，内部银行监督实施，月终提出执行情况分析报告。

（4）项目经理部应当及时向甲方收取工程预付备料款，做好分期结算、预算增减账、竣工结算等工作，定期进行资金使用情况和效果分析，不断提高资金管理水平和效益。

（5）项目经理部应当记录好建设单位提供材料设备登记台账，定期与交料单位核对，保证数据资料完整、正确，为竣工结算的及时进行创造条件。

（6）项目经理部每月定期召开各单位代表的碰头会，协调工程进度、配合工程进度、配合关系资金及甲方供应事宜。

（7）根据工程变更记录和证明发包违约的材料，及时计算索赔金额，列入工程进度款结算单。

（8）搞好会计核算和财务状况分析，适时作出财务决策，以资金的正常与合理流动保证工程项目进展的需要，并最终获得满意的结算利润。

（9）项目经理部应坚持作好项目的资金分析，进行计划收支与实际收支对比，找出差异，分析原因，改进资金管理。项目竣工后，结合成本核算与分析进行资金收支情况和经济效益总分析，上报企业财务主管部门备案，企业应根据项目的资金管理结果对项目经理部进行奖惩。

2.1.5 技术管理

装饰装修工程项目的技术管理是对现场施工中一切技术活动进行的一系列组织管理工作的总称。它包括技术基础工作的管理、施工过程中的技术管理、技术开发管理和技术经济分析与评价。具体包括以下方面的内容：

（1）图纸学习与会审

图纸学习与会审是熟悉审查设计图纸，了解工程特点、设计意图和关键部位的技术要求，发现设计文件中的差错与问题，提出修改与协调意见，避免技术事故或产生经济和质量问题的重要手段。图纸学习与会审一般由监理单位、设计单位和施工单位三方代表共同讨论完成。

（2）施工组织设计管理

根据施工组织设计管理制度制定施工项目的实施细则，对施工中的各种影响因素进行合理安排，按照预定目标，确保施工过程中的正常秩序。

（3）技术交底

技术交底的目的是使工程项目的参与人员熟悉和了解所担负的工程的特点、设计意图、技术要求、施工工艺和应注意的问题。施工项目技术系统一方面要接受企业技术负责人的技术交底，又要在项目内进行层层交底，因此应当建立技术交底责任制，保证技术管理体系正常运转，技术工作按标准和要求运行；还要加强施工质量控制、监督和管理，从而提高工程质量。

技术交底必须贯彻施工验收规范、技术规程、工艺标准、质量检验评定标准等要求。书面资料应由签发人和审批人签字，使用后收入技术资料档案。

（4）项目材料、设备检验

材料、设备检验的目的是保证装饰装修工程项目所使用的材料、构件、零配件和设备的质量，进而保证整个装饰装修工程项目的质量。

（5）工程质量检验和验收

工程质量的检验和验收就是要加强工程质量的控制，避免质量差错造成永久隐患，并为质量等级评定提供数据和情况，为工程积累技术资料和档案。装饰装修工程项目的检查验收包括工程预检、工程隐检、工程分阶段验收、单位工程竣工验收的工程交接检查验收等方面的内容。

（6）技术组织措施计划

技术组织措施计划是综合已有的先进经验和措施，克服生产中的薄弱环节，挖掘生产潜力，提高技术水平，从而保证施工任务的顺利完成，获得良好技术经济效果。

（7）工程技术资料管理

装饰装修工程技术资料是施工单位根据有关管理规定，在施工过程中形成的应当归档保存的各种图纸、表格、文字、音像材料的总称。它是工程施工及竣工交付使用的必备条件，也是对工程进行检查、维护、管理、使用、改造的依据。加强工程技术资料管理有利于装饰装修工程项目管理水平的提高。

课题3 模拟市场运作规律与管理方法

3.1 模拟市场运作规律与管理方法

3.1.1 内部模拟市场的概念

装饰装修工程企业模拟市场是装饰装修工程企业优化配置生产要素的一种经济体制，是装饰装修工程企业为适应装饰装修工程项目管理的需要，以工程项目为中心，在企业内部管理中引入市场经济的机制，包括竞争机制、价格机制和供求机制，对装饰装修工程项目中的各种生产要素进行有偿交换和服务。

装饰装修工程企业模拟市场的特征是：内部模拟市场的企业可控性、市场经济体制的相对性、市场要素的企业内在性和市场优化范围的局限性。

装饰装修工程企业模拟市场和一般企业外部市场有着密切的联系，主要表现为：

（1）外部市场体系不完善是装饰装修工程企业模拟市场存在的先决条件；

（2）装饰装修工程企业模拟市场的建立和完善需要具备一定的外部市场条件；

（3）内部模拟市场和外部市场的有机配合是实现生产要素优化组合的重要条件。

3.1.2 内部模拟市场的作用

（1）引入市场机制，将装饰装修工程企业的管理功能分离，有利于明确企业和项目分别作为利润中心和成本中心的责任，有利于生产要素的优化配置。

（2）建立内部模拟市场，将项目的成本目标进行分解，把价格风险转移到内部模拟市场，能够充分发挥市场经济的调节功能，提高项目的整体管理效益。

（3）通过内部模拟市场的供求机制的实行，用经济杠杆把市场部门和项目连成一个整体，有利于生产要素的动态管理。

（4）模拟市场运转规律，建立企业内部市场有利于运用市场竞争、价格、供求等机制，变计划经济下的行政管理为市场经济下的市场管理，有利于提高装饰装修工程项目的管理水平。

3.1.3 内部模拟市场的构成

装饰装修工程内部模拟市场是生产要素交换关系的总和。只有这些要素都能形成并符合内部模拟市场的条件，才能确保内部模拟市场功能的发挥。

（1）内部模拟市场的主体

装饰装修工程项目生产要素管理部门和项目管理部门是内部模拟市场的主体。它们是装饰装修工程企业内部相对独立核算的部门，相互之间是一种为实现企业总体利益而"等价交换"的关系。

（2）内部模拟市场的客体

装饰装修工程企业内部各种生产要素是内部模拟市场的客体，它包括劳动力、资金、技术、材料和施工机具。要使这些生产要素必须能够在各工程项目之间合理地流动，为此，一方面要打破各种生产要素固定归属的制度，实现生产要素的分离管理；另一方面要打破生产要素分散于各层次不同单位中的体制，实现生产要素的集中管理。

（3）内部模拟市场的规则和信号

内部模拟市场的规则是约束市场主体行为的基本手段，在一定市场规则下的市场信号，是引导市场主体行为的基本手段。装饰装修工程企业必须制定内部市场运作的规则，规则必须能够体现企业总体利益最大化的要求，必须有利于实现市场的功能。信号原则上要由市场自我运行产生，反映装饰装修工程项目进行过程中生产要素的供求关系，照顾双方的意愿和利益。

3.1.4 内部模拟市场的运行

装饰装修工程内部模拟市场按照其客体对象的不同可以分为以下几种：

（1）内部模拟劳务市场

装饰装修工程内部劳务市场的供应方是装饰装修工程项目劳务管理部，需求方是装饰装修工程项目经理部。内部劳务市场的劳务来源可以是自有劳务，也可以是外来劳务。外来劳务和自有劳务进入劳务市场，除资质审查外，还应经过招标竞争、签署合同、过程管理、费用结算。过程管理中应当建立以考核验收单为主体的原始凭证流转制度。考核验收单由项目成本控制员以单位工程为对象，签发后交施工，回收后考核计算当月完成实物量，据以计算人工成本。

（2）内部模拟资金市场

装饰装修工程内部资金市场的供应方是装饰装修工程内部银行，需求方是装饰装修工程生产要素管理部门和项目管理部。内部资金市场以装饰装修工程项目管理为中心，通过企业内部银行实行资金的统一渠道、规范管理、自主支配、合理调度、有偿存贷。据此以保证项目经理部有效地组织生产资源，经济、全面地履行工程承包合同，克服资金意识淡薄、工程款大量拖欠、垫付资金施工、资金周转缓慢、资金效益不高以及用行政手段调度资金的不足，使资金周转与循环系统纳入市场经济的轨道。

内部银行的资金来源可以是企业的自有资金、企业职工的闲散资金、外部的各种借款和建设单位的预付款。内部市场价格参照一般市场利率。

（3）内部模拟技术市场

装饰装修工程内部技术市场的供应方是装饰装修工程技术管理部，需求方是装饰装修工程项目经理部。内部技术市场的建立就是要把技术纳入商品化轨道。技术市场的双方在协商的基础上签署合同，技术管理部门按照合同的规定，向项目经理部提供技术咨询、技术方案设计、竣工图制作、材料计算、检验、试验等智力产品和服务，并结算费用。

（4）内部模拟机具市场

装饰装修工程内部模拟机具市场的供应方是装饰装修工程施工机具管理部门，需求方是装饰装修工程项目经理部。装饰装修工程项目经理部在工程的进行过程中所需的施工机具可以是从施工机具管理部门租赁使用。项目经理部从施工的实际需要出发，根据项目施工组织设计确定的机械配置方案，对所需设备的机种、数量、租赁期、付款方式等内容与机具管理部门开展合同洽谈，协商一致签署机具租赁合同。租赁费应当根据合同条款按月结算，收取费用的原始凭证是现场机械操作人员的每日记载，并经租用方签认的台班记录。

（5）内部模拟材料市场

装饰装修工程内部材料市场的供应方是装饰装修工程材料部，需求方是装饰装修工程项目经理部。材料经营部门要根据与项目经理部之间的委托代办合同，组织各种装饰装修材料的采购、运输和供应。内部市场装饰装修材料的来源包括外部装饰装修材料市场和企业内部所有的装饰装修材料。材料市场的结算价格应当是公司发布的内部市场指令性价格。

装饰装修工程内部材料市场运行应当重点把握合同的签署、分期要料计划、内外市场信息收集与发布、材料款的结算等环节。

实 训 课 题

根据案例，拟定该装饰装修工程项目各生产要素的管理措施。要求：简明扼要，内容具体。

思 考 题 与 习 题

1. 什么是装饰装修工程项目生产要素管理？其管理的目的何在？
2. 装饰装修工程项目生产要素管理的主要环节有哪些？
3. 如何进行装饰装修工程项目各项生产要素管理？
4. 什么是内部模拟市场？内部模拟市场有哪些作用？其构成怎样？
5. 如何进行内部模拟市场的运行？

单元 9 装饰装修工程项目安全管理、信息管理及文档管理

知识点：装饰装修工程项目安全控制、安全管理的原则、安全控制程序、安全控制体系、信息的概念及特征、装饰装修工程项目信息及分类、装饰装修工程项目信息管理及管理信息系统、装饰装修工程项目文档管理

教学目标：通过学习，要求掌握装饰装修工程项目安全控制的原理、基本程序、安全控制体系的构成，了解装饰装修工程项目信息的基本概念、分类、管理信息系统和构成及文档管理的内容。

课题 1 装饰装修工程项目安全管理

1.1 装饰装修工程项目安全管理

1.1.1 装饰装修工程项目安全管理的概念

安全生产长期以来一直是我国的一项基本方针，是保护劳动者安全健康和发展生产力的重要工作，必须贯彻执行。安全生产同时也是维护社会安定团结，促进国民经济稳定、持续、健康发展的基本条件，是社会文明程度的重要标志。安全生产是指生产过程中处于避免人身伤害、设备损坏及其他不可接受的损害风险（如超出法律、法规和规章的要求，超出了方针、目标和企业规定的其他要求，超出了人们普遍接受的要求等）的状态。

安全控制是指采取措施是装饰装修工程项目在施工过程中涉及到的计划、组织、监控、调节和改进等一系列致力于满足生产安全所进行的管理活动。通过项目安全状态的控制，减少或消除不安全的行为和状态，使项目工期、质量和费用等目标的实现得到充分的保障。这里所指的安全既包括人身安全，也包括财产安全。

我国于 2001 年发布了 GB/T28001—2001《职业健康安全管理体系—规范》，该体系标准覆盖了 OHSAS18001：1999《职业健康安全管理体系—规范》的所有技术内容，并考虑了国际上有关职业健康安全管理体系的现有文件的技术内容。GB/T28001《职业健康安全管理体系—规范》在确定职业健康安全管理体系模式时，强调按系统理论管理职业健康安全及其相关事务，以达到预防和减少生产事故和劳动疾病的目的。具体采用了系统化的戴明模型，即通过策划、行动、检查和改进四个环节构成一个动态循环并螺旋上升的系统化管理模式。

1.1.2 装饰装修工程安全管理的原则

（1）"安全第一，预防为主"的原则

在装饰装修工程项目施工过程中充分认识到安全的重要性，将可能发生的事故消灭在萌芽状态，以保证生产活动中人的安全与健康。这就要求管理者在生产活动中将安全放在第一位，安全为了生产，生产必须保证人身安全，充分体现"以人为本"的理念。预防为主是实现安全第一的最重要的手段，采取正确的措施和方法进行安全控制，从而减少甚至

消除事故隐患，尽量把事故消灭在萌芽状态。这是安全控制最重要的思想。

（2）明确安全管理的目的性

安全管理的目的是对施工生产中的人、物、环境因素状态的控制和管理。通过控制人的不安全行为和物的不安全状态，减少或消除生产过程中的事故，保证人员健康安全和财产免受损失。其目标具体包括：减少或消除人的不安全行为的目标；减少或消除设备、材料的不安全状态的目标；改善生产环境和保护自然环境的目标；安全管理的目标。

（3）坚持全方位全过程的管理

安全管理必须要贯穿于装饰装修工程项目从开工到竣工交付的全部生产过程和全部的生产时间，涉及到项目活动的方方面面。因此，必须坚持全员、全过程、全方位、全天候的安全管理。

（4）不断提高安全管理的水平

由于生产活动是不断发展变化的，安全管理工作也会随之而发生变化，即安全管理是一种动态管理，管理活动应适应不断变化的条件，消除新的危险因素，不断摸索新的规律，总结管理控制的办法和经验，使安全管理不断地上升到新的高度。

（5）不断地完善、提高

安全与生产的关系是辨证统一的关系。安全管理是生产管理的重要组成部分，只有安全才能促进生产的发展，二者是相互联系、相互依存的。当生产任务繁忙时，更应该重视安全，把安全工作搞好。否则会招致工伤事故，既妨碍生产，又影响企业的声誉。

1.1.3　装饰装修工程项目安全控制程序

（1）确定安全目标。企业按照生产经营活动制定安全总目标，各部门和员工按企业总目标，按"目标管理"的方法在以项目经理为首的项目管理系统内进行分解，从而确定每个岗位的安全目标，实现全员安全控制。

（2）编制项目安全保证计划。按企业要求各部门员工编制安全计划，从而对生产过程中的不安全因素用技术手段加以消除和控制。这是落实"预防为主"方针的具体体现，是进行工程项目安全控制的指导性文件。

（3）项目安全计划实施。目标制定完毕后，企业与各部门员工、项目签订协议，使他们自觉地为实现目标而努力。

（4）项目安全保证计划验证。各部门员工在项目执行中，对执行情况总结反省，验证目标的完成情况。

（5）持续改进。达到安全控制目标后，制定新一轮的安全目标，使安全目标更加完善和提高。

（6）兑现合同承诺。按照协议的约定对员工进行奖惩。

1.1.4　装饰装修工程项目安全控制体系

（1）安全保证计划

安全目标管理是企业在某一时期制定出旨在保证生产过程中员工的安全和健康的目标，并为达到这一目标而采取的一系列工作的总称。安全保证计划是项目部在总目标下制定的安全目标。确定施工安全目标要求：

第一，项目经理部应根据项目施工安全目标的要求配置必要的资源，确保施工安全，保证目标的实现。专业性较强的施工项目，应编制专项安全施工组织设计并采取安全技术措施。

第二，项目安全保证计划应在项目开工前编制，经项目经理批准后实施。

（2）项目安全保证计划书

1）项目安全保证计划的内容包括：工程概况、控制程序、控制目标、组织结构、职责权限、规章制度、资源配置、安全措施、检查评价、奖惩制度等。

2）项目经理部应根据工程特点、施工方法、施工程序、安全法则和标准的要求，采取可靠的技术措施，消除安全隐患，保证施工安全。

3）对结构复杂、施工难度大、专业性较强的项目，除制定项目安全技术总体安全保证计划外，还必须制定单位工程或分部、分项工程的安全施工措施。

4）安全技术措施应包括：防火、防毒、防爆、防尘、防雷击、防触电、防物体打击、防机械伤害、防寒、防暑、防环境污染等方面的措施。

（3）安全保证计划的实施

1）项目经理部应根据安全生产责任制的要求，把安全责任目标分解到岗，落实到人。安全生产责任制必须经项目经理批准后实施，同时广泛开展安全生产的宣传教育，使全体员工真正认识到安全生产的重要性和必要性，懂得安全生产和文明施工的科学知识，牢固树立安全第一的思想，自觉地遵守各项安全生产法律法规和规章制度等。项目经理安全职责应包括：认真贯彻安全生产方针、政策、法规和各项规章制度，制定和执行安全生产管理办法，严格执行安全考核指标和安全生产奖惩办法，严格执行技术措施审批和施工技术安全措施交底制度；定期组织安全生产检查和分析，针对可能产生的安全隐患制定相应的预防措施；当施工过程中发生安全事故时，项目经理必须按安全事故处理的有关规定和程序及时上报和处理，并制定防止同类事故再次发生的措施。

2）作业队长安全职责应包括：向作业人员进行安全技术措施交底，组织实施安全技术措施；对施工现场安全防护装置进行验收；对作业人员进行安全操作规程培训，提高作业人员的安全意识，避免产生安全隐患；当发生重大或恶性工伤事故时，应保护现场，立即上报并参与事故的调查处理。

3）班组长安全职责应包括：安排施工生产任务时，向本工种作业人员进行安全措施交底；严格执行本工种安全技术操作规程，拒绝违章指挥；作业前应对本次作业所使用的机具、设备、防护用具及作业环境进行安全检查，消除安全隐患，检查安全标牌是否按规定设置，标识方法和内容是否正确完整；组织班组开展安全活动，召开上岗前的安全生产会；每周应进行安全讲评。

4）操作工人安全职责应包括：认真学习并严格执行安全技术操作规程，不违规作业；自觉遵守安全生产规章制度，执行安全技术交底和有关安全生产的规定；服从安全监督人员的指导，积极参加安全活动；爱护安全设施；正确使用防护用具；对不按规定作业提出意见，拒绝违章指挥。

5）施工中发生安全事故时，项目经理必须按国务院安全行政主管部门的规定及时报告并协助有关人员进行处理。

（4）安全检查

装饰装修工程安全检查的目的是为了消除隐患，防止事故，改善劳动条件及提高员工安全生产意识的重要手段，是安全控制工作的一项重要内容。通过安全检查可以发现工种中的危险因素，以便有计划地采取措施，保证安全生产。安全检查应由项目经理组织，定期进行。

1）项目经理应根据组织项目经理部定期地安全控制计划的执行情况进行检查考核和评价。对施工中存在的不安全行为和隐患，项目经理部应分析原因并制定相应整改措施。

2）项目经理部应根据施工过程的特点和安全目标的要求，确定安全检查的内容。

3）项目经理部安全检查应配合必要的设备或器具，确定检查负责人和检查人员，并明确检查内容及要求。

4）项目经理部安全检查应采取随机抽样、现场观察、实地检测相结合的方法，并记录检测结果。对现场管理人员的违章指挥和操作人员的违章作业行为应进行纠正。

5）安全检查人员应对检查结果进行分析，找出安全隐患部位，确定危险程度。

6）项目经理部应编写安全检查报告。

（5）施工项目安全控制事故处理

1）安全隐患处理应符合以下要求：

①项目经理部应区别"通病"、"顽症"、首次出现、不可抗力等类型，修订和完善安全整改措施。

②项目经理部应对检查出的隐患立即发出安全隐患整改通知单。受检单位应对安全隐患原因进行分析，制定纠正和预防措施。纠正和预防措施应经由单位负责人批准后实施。

③安全检查人员对检查出的违章作业行为向责任人当场指出，限期纠正。

④安全员对纠正和预防措施的实施过程和实施效果应进行跟踪检查，保存验证记录。

2）项目经理部进行安全事故处理应符合下列要求：

①安全事故处理必须坚持"事故原因不清楚不放过，事故责任人和员工没有受教育不放过，事故责任人没有处理不放过，没有制定防范措施不放过"的原则。

②安全事故应按以下程序处理：

第一步，报告安全事故：安全事故发生后，受伤者或最先发现事故的人员应立即用最快的传递手段，将发生事故的时间、地点、伤亡人数、事故原因等情况，上报至企业安全主管部门。企业安全主管部门视事故造成的伤亡人数或直接经济损失情况，按规定向政府主管部门报告。

第二步，事故处理:抢救伤员、排除险情、防止事故蔓延扩大,做好标识,保护好现场。

第三步，事故调查及项目经理应指定技术、安全、质量等部门的人员，会同企业工会代表组成调查组，开展调查。

第四步，调查报告：调查组应把事故发生的经过、原因、性质、损失责任、处理意见、纠正和预防措施撰写成调查报告，并经调查组全体人员签字确认后报企业安全主管部门。

（6）施工项目安全控制的继续改进和兑现合同承诺

装饰装修工程项目竣工后要及时提交安全控制总结报告，认真总结施工过程中的安全控制有哪些经验，有哪些不足，为以后的工作积累经验，同时也要兑现合同中关于安全事故的奖惩承诺。

（7）安全教育培训

项目经理部要宣传国家和当地政府的安全生产方针、政策，安全生产法律、法规，部门规章制度和安全纪律，进行安全事故分析和处理案例分析。同时，还要根据承担的任务特点，进行施工安全基本知识、安全生产制度、相关工种的安全技术操作规程、机械设备、电气、高空作业等安全基本知识的培训。

课题 2 装饰装修工程项目信息管理

2.1 装饰装修工程项目信息管理

装饰装修工程项目信息管理中，会产生大量的信息和数据，随着工程的进展，信息量还将逐渐增加。对这些信息和数据进行收集、处理、存储、分析以及提供利用服务的方式，将对工程项目的最终目标产生重要的作用和影响。利用计算机进行装饰装修工程项目中的数据处理和信息管理，会大大提高数据处理的效率和信息的利用率。

2.1.1 信息的概念及特征

信息是指用口头的方式、书面的方式或电子的方式传输（传达、传递）的知识、新闻，可靠或不可靠的情报。声音、文字、数字和图像等都是信息表达的形式。信息用数据表现，数据是信息的载体，但并非所有的数据都是信息，这是因为数据只有经过处理、解释，对外界产生影响或用于指导客观实践时，才能称为信息。即信息是经过加工后的数据，它是一个社会概念，是知识、学问以及客观现象加工提炼出来的各种消息之和。

信息的特征主要有：

（1）可存储性：可以通过各种方法和介质进行存储；

（2）可识别性：可以对信息进行直接或间接的识别；

（3）可压缩性：可以对信息进行加工、整理、归纳、概括；

（4）可扩散性：信息可以快速地进行传播；

（5）可转变性：信息可以由一种形态转变为另一种形态，或由一种介质转变到另一种介质；

（6）可扩充性：随时间的变化所获得的信息可以不断扩充；

（7）共享性：信息能为多人使用，不会因为使用者的增加而使每个使用者的信息量减少；

（8）延迟性：经过加工处理得到的信息总是迟于原始资料；

（9）不完整性：不可能得到某一事物的全部信息。

2.1.2 装饰装修工程项目信息

装饰装修工程项目信息是指反映和控制装饰装修工程项目管理活动的信息。其特点是：

（1）信息来源广、信息量大

装饰装修工程项目信息来源于参加项目的各个部门、各个专业；来源于项目进行的不同阶段；来源于项目管理的各个方面。装饰装修工程项目由于其牵涉面广、协作关系复杂，使得装饰装修工程项目涉及到大量的信息。

（2）信息系统性强

由于装饰装修工程项目的单件性和一次性，虽然信息量大，但却集中于所管理的项目对象，所以容易系统化。另外，由于装饰装修工程项目信息的收集、加工、传递和反馈是一个连续的闭合环路，从而使得信息具有很强的系统性。

（3）信息传递中障碍多

装饰装修工程项目信息在发送和接收的过程中，往往会由于传递者主观方面因素的影响，如对信息的理解能力、经验、知识的限制而发生障碍；或者因为地区的间隔、部门的分散、专业的隔阂等造成的信息传递的障碍；往往还因为信息传递手段落后或使用不当造成传递障碍。

（4）信息的产生滞后

装饰装修工程项目信息产生于项目进行过程中，信息反馈一般要经过加工整理、传递，然后才能到达决策者手中，所以容易造成反馈不及时，影响信息作用的及时发挥，造成决策失误。

2.1.3 装饰装修工程项目信息的分类

装饰装修工程项目信息按照不同的分类标准，有着不同的类型划分。

（1）按照装饰装修工程项目管理职能划分

1）合同管理信息，包括国家有关法律、法规，装饰装修工程项目招投标管理办法，装饰装修工程项目招标文件、投标书和中标通知书，装饰装修工程项目合同管理办法，装饰装修工程项目监理合同，装饰装修工程项目施工合同，合同变更协议等。

2）质量控制信息，包括国家有关的装饰装修工程项目质量政策和标准、装饰装修工程项目建设标准、装饰装修工程项目质量目标、装饰装修工程项目质量控制工作流程、装饰装修工程项目质量控制工作制度、装饰装修工程项目质量检查结果等。

3）成本控制信息，包括各种装饰装修工程项目估算指标、类似装饰装修工程项目造价、物价指数、装饰装修工程项目概预算定额、装饰装修工程项目成本估算、装饰装修工程项目设计概预算、装饰装修工程项目合同价格、工程进度款支付单、竣工结算与决算、装饰装修材料价格、机械台班费、装饰装修工程项目进度控制工作制度、装饰装修工程项目的工程记录等。

4）进度控制信息，包括装饰装修工程项目工期定额、装饰装修工程项目总进度计划、装饰装修工程项目进度控制工作流程、装饰装修工程项目进度控制工作制度、装饰装修工程项目的工程记录等。

5）行政事务管理记录，包括建设单位、监理单位、设计单位和施工单位之间的联系文件和有关技术资料等。

（2）按照装饰装修工程项目信息来源划分

1）内部信息，指来源于装饰装修工程项目本身的信息、如装饰装修工程项目概况、装饰装修工程项目招标投标文件、装饰装修工程项目设计文件、装饰装修工程项目合同文件、装饰装修工程项目施工组织设计、装饰装修工程项目施工方案、装饰装修工程项目信息资料的编码系统、装饰装修工程项目的会议制度、装饰装修工程项目管理组织机构、装饰装修工程项目管理工作制度、装饰装修工程项目的成本目标、装饰装修工程项目的工期目标、装饰装修工程项目的质量目标等。

2）外部信息，指来源于装饰装修工程项目外部环境的信息，如国家有关的政策法规、原材料及设备价格、物价指数、类似装饰装修工程项目的造价、类似装饰装修工程项目的工程进度等。

（3）按照装饰装修工程项目信息稳定程度划分

1）固定信息，装饰装修工程项目的固定信息指那些具有相对稳定性的信息，或者在一段时间内可以在装饰装修工程项目各项管理工作中重复使用而不发生质的变化的信息。包括：各种定额标准信息、计划合同信息等。

2）流动信息，装饰装修工程项目的流动信息是反映装饰装修工程项目建设实际进度和实际状态的信息，它随工程项目的进展不断发生变化。如装饰装修工程项目实施阶段的质量、成本、进度信息，材料消耗量、机械台班使用情况等。

（4）按照装饰装修工程项目信息进展阶段划分

1）设计阶段，装饰装修工程项目设计阶段的信息包括：国家的有关法律法规，政府部门有关的技术经济指标和定额，规定的设计标准等。

2）招投标阶段，装饰装修工程项目招投标阶段的信息包括：国家的有关法律法规，国家和地方的有关招投标管理办法，政府部门的有关技术经济指标、定额和规范，批准的概算，有关施工图纸和技术资料，投标单位的情况，招标文件、投标书和中标通知书等。

3）施工阶段，装饰装修工程项目施工阶段的信息包括：施工承包合同、施工组织设计、施工技术方案和施工进度计划、工程技术标准、装饰装修工程项目实际进展情况报告、工程进度款支付申请、施工图纸和技术资料。

4）竣工验收阶段，装饰装修工程项目竣工验收阶段的信息包括：工程质量检查验收报告，竣工图、竣工结算与决算等。

此外，还包括其他与项目建设有关的信息，如：项目的组织类信息、管理类信息、经济类信息、技术类信息和法规类信息等。

2.1.4 装饰装修工程项目信息的作用

装饰装修工程项目信息是装饰装修工程项目管理中不可缺少的资源。装饰装修工程项目建设的过程实际上就是人、财、物、技术、设备等资源投入的过程。要优质、高效、低耗地完成装饰装修工程项目，就必须通过装饰装修工程项目信息的收集、整理和应用来规划、调节物资流动的数量、方向、速度和目标，以最终实现装饰装修工程项目的管理目标。由此可以看出，装饰装修工程项目信息对装饰装修工程项目管理有着巨大的影响，发挥着非常重要的作用。

（1）信息是工程竞争的有力工具

如果设计单位、施工单位能够掌握完整、准确的信息，就能为其确定正确的竞争策略提供可靠支持，从而在竞争中取得胜利，获得装饰装修工程项目的设计、施工任务。同时在装饰装修工程项目的设计、施工中也就能够有效地控制装饰装修工程项目的管理目标。

（2）信息是实施管理控制的基础

为了有效地控制装饰装修工程项目的质量目标、成本目标和进度目标，项目管理人员应该掌握有关三大目标的计划值及其实际执行情况，只有掌握了这两方面的信息，项目管理人员才能实施项目的控制。如果没有信息，或信息不准确、不及时，项目管理人员将无法实施正确的监督管理控制职能。

（3）信息是进行项目决策的依据

项目管理人员要根据装饰装修工程项目进行的实际情况才能作出正确的决策。

2.1.5 装饰装修工程项目信息管理

（1）信息管理的概念、任务

装饰装修工程项目信息管理是通过对装饰装修工程项目各个系统、各项工作和各种数据的管理，使项目的信息能方便和有效地获取、存储、存档、处理和交流。

装饰装修工程项目信息管理的任务是实施装饰装修工程项目的最优控制，进行装饰装修工程项目的合理决策，协调处理装饰装修工程项目各参与单位之间的关系。

装饰装修工程项目信息管理的根本作用是收集装饰装修工程项目实施过程中的各种信息，并对其进行分析整理，为各级装饰装修工程项目管理人员提供真实可靠的信息，使管理人员能够对装饰装修工程项目管理目标进行较好的控制，为项目建设的增值服务。项目经理部应建立项目信息管理系统，优化信息结构，实现项目管理信息化。

（2）信息管理的原则

1）在装饰装修工程项目的实施过程中要对有关信息的分类进行统一，对信息流程进行规范，产生的控制报表力求做到格式化和标准化，通过建立健全的信息管理制度，从组织上保证信息产生过程的效率。

2）用定量的方法分析数据，用定性的方法归纳知识。这是因为工程中产生的信息不是项目实施过程中产生数据的简单记录，而是经过信息处理人员的比较与分析的结果。

3）信息的收集与提供应适应不同管理人员的不同需要。

4）尽可能高效、低耗地处理信息，提高信息的利用率和效益。可以通过信息处理工具，尽量缩短信息在处理过程中的延迟，项目管理人员的主要精力应放在对处理结果的分析和控制措施的制定上。

5）项目管理者应通过采用先进的方法和工具为决策者制定未来目标和行动规划提供必要的信息。

（3）信息管理的主要内容

1）信息的采集。装饰装修工程项目信息的采集是装饰装修工程项目管理中一项非常重要的基础工作，装饰装修工程项目信息管理工作运行质量的好坏很大程度上取决于原始信息的全面性、准确性和可靠性。因此必须建立一套完整的信息采集制度，明确信息的收集部门和收集人，信息的收集规格、时间和方式等。项目经理部应收集并整理法律、法规与部门规章信息；市场信息；自然条件信息；工程概况信息；施工信息；项目管理信息。

2）信息的处理。对收集的信息进行加工是信息处理的基本内容。装饰装修工程项目信息管理人员为了实现对装饰装修工程项目三大目标的有效控制，应该在全面、系统收集信息的基础上，对收集来的信息加工整理，也就是对原始数据去粗取精、去伪存真，以便使信息更加真实可用。信息处理的工作包括对信息进行分析、归纳、分类、计算比较、选择及建立信息之间的关系等工作。通过信息的处理，装饰装修工程项目信息管理人员一方面可以掌握工程进展的实际情况，另一方面也可以直接或借助于数学模型来预测工程建设未来的进展情况，从而为项目管理人员正确决策提供可靠的依据。

3）信息的存储。经收集和整理后的装饰装修工程项目信息资料应当存档以备将来使用，为了便于装饰装修工程项目信息的管理和使用，必须在项目管理组织内部建立完整的信息资料存储制度，建立存贮量大的数据库和资料库，将信息资料按照不同的类别，进行详细的登录存放。

4）信息的传递。装饰装修工程项目信息的传递就是装饰装修工程项目各参与部门之间进行的装饰装修工程项目信息交换的过程。装饰装修工程项目信息只有通过传递，才能形成各种信息流。信息流必须保证畅通无阻才能保证装饰装修工程项目管理人员及时得到完整、准确的信息，从而为其科学决策提供可靠的支持。要保证装饰装修工程项目信息畅通无阻，及时准确地传递，应建立具有一定流量的信息通道，明确规定合理的信息流程以及尽量减少传递的层次。

5）信息的使用。装饰装修工程项目信息管理的最终目的就是为了更好地使用信息，为装饰装修工程项目决策提供服务。装饰装修工程项目信息的使用反映了信息的价值。

2.1.6 装饰装修工程项目管理信息系统

（1）装饰装修工程项目管理信息系统的概念

装饰装修工程项目管理信息系统是基于计算机的项目管理的信息系统，主要用于项目的目标控制。项目管理信息系统的应用，主要是用计算机的手段，进行项目管理有关数据的收集、记录、存储、过滤和把数据处理的结果提供给项目管理班子的成员。它是项目进展的跟踪和控制系统，也是信息流的跟踪系统。

建立项目信息管理系统，并使它顺利运行是项目经理部的责任，也是完成项目管理任务的前提条件。项目管理信息系统应能连系项目经理部各职能部门、项目经理部与劳务作业层、项目经理部与企业各职能部门、项目经理与企业法定代表人、项目经理部与监理机构等，应能使项目管理层与企业管理层及劳务作业层信息收集渠道畅通、信息资源共享。

（2）装饰装修工程项目管理信息系统的内容

借助计算机进行装饰装修工程项目信息管理应着重对信息系统功能进行综合，形成一个以装饰装修工程项目进度控制、成本控制、质量控制为目标，以合同管理为核心的动态系统。因此，装饰装修工程项目信息系统至少应该具备三大目标控制及合同管理任务的功能。由于每个装饰装修工程项目都要使用大量的工程图纸并有大量的公文信函来往，所以装饰装修工程项目信息系统应该包含文档管理内容，以便用来处理文字资料。另外，为了节省存储空间，节约处理时间，方便排序、运算和查找，有效地管理装饰装修工程项目的大量信息，必须对项目进行分解，进而建立与项目分解体系相应的编码体系。

（3）装饰装修工程项目管理信息系统各模块的划分与具体功能

1）合同管理模块。装饰装修工程项目管理信息系统合同管理模块主要是通过公文处理和合同信息统计等方法辅助装饰装修工程项目管理人员进行合同的起草、签订以及合同执行过程中的跟踪管理。其基本功能是：合同基本数据查询、合同执行情况的查询和统计分析、标准合同文本查询和合同辅助起草等。

2）质量控制模块。装饰装修工程项目管理人员为了实施对装饰装修工程项目质量的动态控制，需要装饰装修工程项目管理信息系统质量控制模块提供必要的信息支持。装饰装修工程项目管理信息系统质量控制模块的基本功能是：

①存储有关设计文件及设计变更，进行设计文件的档案管理，并进行设计质量的评定；

②存储有关装饰装修工程项目质量标准，为装饰装修工程项目管理人员实施质量控制提供依据；

③运用数学的方法对装饰装修工程项目的重点工序进行分析，并绘制直方图、控制图等管理图表；

④处理装饰装修工程项目各单位工程、各工序的质量检查评定数据，为最终进行装饰装修工程项目的质量评定提供可靠的依据；

⑤建立计算机台账，对装饰装修工程项目主要建筑材料、设备、成品、半成品及构件进行跟踪管理；

⑥对装饰装修工程项目质量事故和安全事故进行统计分析，并提供多种工程事故统计分析报告。

装饰装修工程项目管理人员通过对有关装饰装修工程项目质量的信息和数据进行科学的分析和整理，研究质量波动情况，分析原因，提出措施，从而达到质量控制的目的。

3）进度控制模块。装饰装修工程项目管理信息系统进度控制模块主要是辅助装饰装修工程项目管理人员编制和优化装饰装修工程项目进度计划，计算工程网络计划的时间参数，并确定关键路线；绘制网络图和计划横道图；编制资源需求量计划；进度计划执行情况的比较分析；根据工程的进展进行工程进度预测。

4）成本控制模块。装饰装修工程项目管理信息系统成本控制模块主要用于收集、存储和分析装饰装修工程项目成本信息，在装饰装修工程项目实施的各个阶段制定成本计划，收集成本信息，并进行计划成本与实际成本的比较分析，从而实现装饰装修工程项目成本计划的动态控制。其基本功能是：投标估算的数据计算和分析；计划施工成本；计算实际成本；计划成本与实际成本的比较分析；根据工程的进展进行施工成本预测等。

课题 3　装饰装修工程项目文档管理

3.1　装饰装修工程项目文档管理

装饰装修工程项目管理信息大部分是以文档资料的形式出现的，因此项目文档资料管理是日常信息管理工作的一项主要内容。工程项目文档资料是有形的，是信息或数据的载体，它以记录的方式存在，具有集中、归档的性质。对项目文档资料进行科学系统的管理，能使项目实施过程规范化、正规化，提高项目管理工作的效率，确保项目归档文件材料的完整性和可靠性。项目文档资料管理是具体的，它的工作主要包括文档资料传递流程的确定，文档资料登录和编码系统的建立，文档资料的收集积累、加工整理、检索保管、归档保存和提供利用服务等。

装饰装修工程项目文档资料包括各类文件、项目信件、设计图纸、合同书、会议纪要、各种报告、通知、记录、签证、单据、证明、书函等文字、数值、图表、图片及音像资料。

（1）项目文档资料的传递流程

确定文档资料的传递流程是要研究文档资料的流转通道及方向，研究资料的来源、使用者和保存节点，规定传输方向和目标。项目管理班子中的信息管理人员是文档资料传递渠道的中枢，所有文档资料都应统一归口传递至信息管理者，进行集中收发和管理，以避免散落和遗失。信息管理人员将接收到的文档资料经加工整理、归类保存后，再按信息规划规定的传递渠道传递给文档资料的接收者。项目管理人员也可根据需要随时自行查阅经整理分类后的文档资料。

负责项目文档资料的管理人员必须熟悉各项项目管理的业务，通过研究分析项目文档资料的特点和规律对其进行科学管理，使文档资料在项目管理中得到充分利用，提供有效服务。除此之外，管理人员还应全面了解和掌握项目建设的进展情况和项目管理工作开展的实际情况，结合对文档资料的整理分析，对重要信息资料进行摘要综述，编制相关工程报告。

(2) 文档资料的登录和编码

信息分类和编码是文档资料科学管理的重要手段。任何接收和发送的文档资料都应登记，建立信息资料的完整记录。对文档资料进行登录，把它们列为项目管理单位的正式资源和财产，可以有据可查，便于归类、加工和整理，并通过登录掌握归档资料及其变化的情况，有利于文档资料的清点和补缺。

为便于登录和归类，利用计算机对文档进行管理时，需要对文档资料进行统一编码，建立编码系统，确定分类归档存放的基本框架结构。为文档资料所赋予的独特的识别符号如字符和数字等，就可给出信息资料的编码，而编码结构则是表示文档资料的组成方式和相互间的关系。

(3) 项目文档资料的存放

为使文档资料在项目管理中得到有效的利用和传递，需要按科学方法将文档资料存放与排列。随着装饰装修工程建设的进程，信息资料的逐步积累，数量会越来越多，如果随意存放，需要时可能查找困难，而且容易丢失。存放与排列可以编码结构的层次编码作为标识，将文档资料一件件、一本本地排列在书架上，位置应明显，易于查找。

为作好装饰装修工程项目建设档案资料的管理工作，全面、完整地反映其工作活动和成果，客观地记录项目建设的整个历史，充分发挥档案资料在项目建设、项目建成后的使用管理，以及项目维护中的作用，应将文档资料整理归档、立卷、装订成册。项目信息资料经过科学系统地组合与排列，才能成为系统的、完整的文档，为项目管理服务，同时作为归档保存的项目文件。

实 训 课 题

根据案例（见单元1，本书第8页），拟定该装饰装修工程项目的安全管理计划，要求：考虑全面、具体，具有可操作性。

思 考 题 与 习 题

1. 什么是装饰装修工程项目安全控制？安全控制的原则是什么？
2. 安全控制的程序是怎样的？
3. 安全控制的体系是怎样构成的？
4. 装饰装修工程项目信息管理的概念和管理信息系统的内容是什么？
5. 装饰装修工程项目的文档管理有哪些内容？

单元 10 装饰装修工程项目索赔与反索赔

知识点：索赔概念、分类、产生的原因、索赔的处理、反索赔、费用索赔和工期索赔的计算。

教学目标：通过装饰装修工程项目索赔与反索赔的学习，要求学生熟悉工程索赔产生的原因，了解索赔的分类，能根据工程实际发生的情况进行索赔与反索赔，并能进行费用索赔和工期索赔的计算。

课题 1 装饰装修工程项目索赔与反索赔的基本理论

1.1 索 赔 概 述

1.1.1 索赔的概念

索赔是指在合同履行过程中，对于并非自己的过错，而应该由对方承担责任的情况造成的实际损失向对方提出的经济补偿、时间补偿要求的行为。在实际工作中，索赔是工程承包中经常发生的正常现象。索赔是双向的，既包括承包人向发包人的索赔，也包括发包人向承包人的索赔。但在工程实践中，发包人索赔数量较小，而且处理方便，可以通过冲账、扣拨工程款、扣保证金等实现对承包人的索赔；而承包人对发包人的索赔则比较困难一些。通常情况下，索赔是指承包人（施工单位或承包商）在合同实施过程中，对非自身原因造成的工程延期、费用增加等而要求发包人给予补偿损失的一种权利要求。而发包人（建设单位或业主）对于属于承包人应承担责任造成的且实际发生了的损失，向承包人要求赔偿，称为反索赔。

索赔的性质属于经济补偿行为，而不是惩罚。索赔工作是承发包双方之间经常发生的管理业务，是双方合作的方式，而不是对立。在建筑市场管理向法制化、规范化发展的过程中，索赔管理越来越引起人们的重视。索赔的产生是由工程建设的复杂性造成的，因此应将索赔看作是一项正常的管理业务。索赔是分担风险，使受损一方获得补偿的一种办法。对待索赔的态度应当是批准正当、合理的索赔要求，同时有能力和决心对付投机性的索赔。

实践证明，索赔的健康开展对于培养和发展社会主义建筑市场，促进建筑业的发展，提高工程建设的效益，起着非常重要的作用：它有利于促进双方加强内部管理，严格履行合同，有助于双方提高管理素质，加强合同管理，维护建筑市场的正常秩序；它有利于双方熟悉国际惯例，与国际接轨，熟练掌握索赔和处理索赔的方法与技巧，有助于对外开放和对外工程承包的开展；它有利于政府转变职能，使双方依据合同和实际工程情况实事求是地协商工程造价和工期。

1.1.2 工程索赔产生的原因

（1）当事人违约，常常表现为没有按照合同约定履行自己的义务。发包人违约常常表现为没有为承包人提供合同约定的施工条件、未按照合同约定的期限和数额付款，未按规定时间提供装饰装修工程施工图纸、指令或批复，未按时做好施工的前期准备工作，以致造成工期拖延和损失等。承包人违约的情况则主要是没有按照合同约定的质量、期限完成施工，材料的质量不符合要求，或者由于不当行为给发包人造成其他损害。

（2）施工条件变化。装饰装修工程项目建设过程中有些施工条件的变化即使是有经验的承包人也无法事前预料，因此施工条件的异常变化必然会引起施工索赔。

（3）工期拖延。装饰装修工程项目建设过程中由于各种因素的影响，经常出现工期拖延。如果工期拖延的责任在业主方面，承包人就应该根据实际支出的计划外施工费向业主提出索赔；如果责任在承包人方面，则应该自己采取赶工措施，抢回延误的工期，否则应承担延误工期的责任。

（4）工程师指令，有时也会产生索赔。比如工程师指令承包商加速施工、更换某些材料、采取某些措施等。

（5）不可抗力事件，又可以分为自然事件和社会事件。自然事件主要是不利的自然条件和客观障碍，如在施工过程中遇到了经现场调查无法发现，业主提供的资料中也未提到的、无法预料的情况。社会事件则包括国家政策、法律、法令的变更，战争、罢工等。

（6）合同缺陷，由于合同文件中的遗漏、错误或矛盾，引起支付工程款时的纠纷，在这种情况下工程师应当给予解释，如果承包人按此解释施工时引起成本增加或工期拖延则属于业主方面的责任，承包商有权提出索赔，业主应当给予补偿。

（7）合同变更，合同变更表现为设计变更，施工方法变更，追加或者取消某些工作、合同，其他规定的变更。如业主和工程师变更原合同规定的施工顺序，扰乱了原工程进度计划。

1.1.3 索赔的分类

索赔根据不同的标准分为不同的类型。

（1）按索赔产生的原因分类

1）工程变更引起的索赔，主要包括：

①由于工程量的减少或增加而引起的索赔；

②由于设计变更、施工程序的变化而引起的索赔；

③由于业主要求加快施工进度而引起的索赔；

④由于业主或监理工程师的指令及签证所引起的索赔。

2）工程支付方面的索赔，主要包括：

①按合同规定材料价格调整引起的索赔；

②按合同规定人工、材料、机械费的调整所引起的索赔；

③业主拖延支付工程款，使承包人无法组织正常的施工，停工待料引起的索赔。

3）工期引起的索赔，主要包括：

①业主未能按照合同要求提供施工条件引起的索赔；

②由于设计错误或因业主、监理工程师的错误指令引起的索赔；

③由于业主原因造成施工计划改变而引起的索赔；

④业主要求提前完工造成的索赔。

4）合同文件引起的索赔，主要包括合同条款措词不严密，各处意义不一致，图纸或工程量的错误或遗漏。

5）不可抗力因素引起的索赔，主要包括自然条件的变化，如地震、风暴、洪水灾害的发生；社会条件的变化，如战争、军事政变，使承包人承担了额外的损失。

（2）按索赔目的分类

1）工期索赔，是指由于非承包人的原因导致施工进度延误，承包人要求顺延合同工期的索赔。批准合同工期顺延后，承包人不仅避免承担拖期违约赔偿费的严重风险，而且可能提前工期得到奖励，最终仍然反映在经济收益上。

2）费用索赔，是指承包人向业主要求补偿不应该由承包人自己承担的经济损失或额外开支。在实际施工过程中所发生的施工费用超过了合同约定的费用，而这项费用超支的责任不在承包人，也不属于承包人的风险范围，其原因一是施工受到干扰，导致工作效率降低；二是业主指令工程变更或产生额外工程，导致工程成本增加，这些承包人有权索赔。费用索赔的目的是要求经济补偿。

（3）按索赔的合同依据分类

1）合同中明示的索赔，是指索赔涉及的内容在该工程项目的合同文件中有文字依据，业主或承包人可以据此提出索赔要求，并取得经济补偿。这些在合同文件中有文字规定的合同条款，称为明示条款。

2）合同中默示的索赔，指索赔涉及的内容，虽然在工程项目的合同条款中没有专门的文字叙述，但可以根据该合同的某些条款的含义，推论出有一定索赔权。这种索赔要求，同样有法律效力，有权得到相应的经济补偿。这种有经济补偿含义的条款，在合同管理工作中被称为"默示条款"或称为"隐含条款"。默示条款是一个广泛的合同概念，它包含合同明示条款中没有写入但符合双方签订合同时设想的愿望和当时环境条件的一切条款。这些默示条款，或者从明示条款所表述的设想、愿望中引申出来，或者从合同双方在法律上的合同关系引申出来，经合同双方协商一致，或被法律和法规所指明，都成为合同文件的有效条款，要求合同双方遵照执行。

（4）按照索赔的当事人分类

1）承包商与业主之间的索赔，这类索赔大都是有关工程量计算、变更、工期、质量和价格方面的争议，也有关于其他违约行为、中断或终止合同的损害赔偿等。

2）承包商与分包商之间的索赔，这类索赔也是有关工程量计算、变更、工期、质量和价格方面的争议，以及其他违约行为、中断或终止合同的损害赔偿等。但大多数是分包商向总承包商索要付款和赔偿，承包商向分包商罚款或扣留支付款等。

3）承包商与供应商之间的索赔，这类索赔其内容多是商贸方面的争议，例如质量不符合技术要求、数量短缺、交货拖延、运输损坏等。

4）承包商与保险公司之间的索赔，这类索赔多是承包商受到灾害、事故或其他损害、损失，按保险单向保险公司索赔。

（5）按索赔事件的性质分类

1）工程延误索赔，因业主未按合同要求提供施工条件，如未及时交付设计图纸、施工现场、道路等，或因业主指令暂停施工或不可抗力事件等原因造成工期拖延的，承包人对此提出索赔。这是工程中常见的一类索赔。

2）工程变更索赔，由于业主或监理工程师指令增加或减少工程量或增加附加工程、修改设计、变更工程顺序等，造成工期延长和费用增加，承包人对此提出索赔。

3）工程加速索赔，由于业主或工程师指令承包人加快施工速度，缩短工期，引起承包人人力、物力、财力的额外开支而提出的索赔。

4）意外风险和不可预见因素索赔，在工程实施过程中，因人力不可抗拒的自然灾害、特殊风险以及一个有经验的承包人通常不能合理预见的不利施工条件等引起的索赔。

5）其他索赔

如因货币贬值、汇率变化、物价、工资上涨、政策法令变化等原因引起的索赔。

（6）按索赔处理方式分类

1）单项索赔，单项索赔是采用一事一索赔的方式。索赔的处理是在合同实施过程中，干扰事件发生时或发生后立即进行。它由合同管理人员处理，并在索赔有效期内提出索赔报告，经监理工程师审核后交业主批准，完成索赔工作。

单项索赔由于涉及的合同事件单一，责任分析和索赔值计算简单，金额不大，双方往往容易达成协议，获得成功。

2）总索赔，也称综合索赔或一揽子索赔。一般在工程竣工前，承包人将施工过程中未解决的索赔事件集中起来进行综合考虑，提出一份总索赔报告。合同双方在工程结束前进行最终谈判，以解决工程中的所有索赔事件。

总索赔中由于许多干扰事件交织在一起，影响因素比较复杂，责任分析和索赔值的计算都很困难，从而使得索赔处理和谈判都很艰难。加之索赔的金额比较大，往往需要承包商作出很大让步才能成功。

课题 2 装饰装修工程项目索赔的处理

2.1 装饰装修工程项目索赔的处理

2.1.1 工程索赔的处理原则

（1）索赔必须以合同为依据

工程师依据合同和事实对索赔进行处理是其公平性的重要体现。在不同的合同条件下，有些依据很可能是不同的。比如因为不可抗力导致的索赔，在国内《建设工程施工合同文本》条件下，承包人机械设备损坏的损失，是由承包人承担的，不能向发包人索赔；但在 FIDIC 合同条件下，不可抗力事件一般都列为业主承担的风险，损失都应当由业主承担。因此必须了解各个合同的协议条款。

（2）及时、合理地处理索赔

索赔事件发生后，索赔的提出应当及时，索赔的处理也应当及时。索赔处理得不及时，对双方都会产生不利的影响，如承包人的索赔长期得不到合理解决，索赔积累的结果会导致其资金困难，同时会影响工程进度，给双方都带来不利的影响。处理索赔还必须坚持合理性原则，既考虑到国家的有关规定，也应当考虑到工程的实际情况。

（3）加强主动控制、减少工程索赔

要求在工程管理过程中，应当尽量将工作做在前面，减少索赔事件的发生。这样能够保证工程顺利地进行，降低工程投资，减少施工工期。

2.1.2 索赔的一般程序

装饰装修工程项目索赔的一般程序是：提出索赔要求；整理索赔资料；提交索赔报告；评审索赔报告；解决索赔。

（1）提出索赔要求，承包商在索赔事件发生 28 天内，向工程师发出书面索赔意向通知。合同实施过程中，凡不属于承包人责任导致项目延期和成本增加事件发生后的 28 天内，必须以书面的形式通知工程师，声明对此事件要求索赔，同时仍须遵照工程师的指令继续施工。逾期申报时，工程师有权拒绝承包人的索赔要求。索赔意向书应根据招标文件及合同要求编写，意向书中应包含索赔结构物名称、索赔事由及依据、事件发生起算日期和估算损失。

阶段性发出索赔意向通知。当该索赔事件持续进行时，承包人应当阶段性向工程师发出索赔意向，在索赔事件终了后 28 天内，向工程师提供索赔的有关资料和最终索赔报告。

1）业主违约引起的索赔。业主不按合同的约定在规定的时间内向承包商提供施工图纸，并进行现场交底；没有在规定的时间内向承包商提供施工所需的场地，并清除影响施工的障碍物；由于业主提供的材料、设备没有在规定的时间到达指定地点，以及材料、设备的质量不合格，规格有差异；业主拖延支付工程款，使承包人无法组织正常的施工，停工待料等引起的索赔。

2）工程变更导致的索赔。业主或监理工程师指令增加或减少工程量，或增加附加工程、修改设计、变更工程顺序，业主要求加快施工进度，业主或监理工程师的指令及签证等所引起的索赔。

3）因承包人的能力不可预见引起的索赔。由于在工程投标时图纸不全，有些项目承包商无法作正确计算，该类索赔项目一般由工程数量增加或需重新投入新工艺、新设备等原因引起。

4）由外部环境而引起的索赔

属于业主的原因，业主没有协调好施工场地内各交叉作业施工单位之间的关系，解决外部环境影响，没有保证承包商按合同的约定顺利施工而引起的索赔。

5）工程师指令导致的索赔

由于工程师指令承包人加快施工速度、缩短工期，引起承包人人力、物力、财力的额外开支而提出的索赔，如工程师指令承包商更换某些材料、采取某些措施等。

（2）整理索赔资料

正式提出索赔申请后，承包人应抓紧准备索赔的证据资料，包括事件的原因、对其权益影响的证据资料、索赔的依据，以及其他计算出的该事件影响所要求的索赔金额和申请延长工期天数，并在索赔申请发出的 28 天内报出。索赔的成功很大程度上取决于承包商对索赔作出的解释和具有强有力的证明材料。索赔应当具备以下资料：

1）招标文件。它是工程项目合同文件的基础，包括通用条件、专用条件、施工技术规程、工程量表、工程范围说明、现场水文地质资料等文本，都是工程成本的基础资料。它们不仅是承包商投标报价的依据，也是索赔时计算附加成本的依据。

2）投标报价文件。包括承包人对各主要工种的施工单价进行的分析计算，对各主要工程量的施工效率和进度进行的分析，对施工所需的设备和材料列出的数量和价值，对施工过程中各阶段所需的资金数额提出的要求等文件。所有这些文件，在中标以及签订施工协议书以后，都成为正式合同文件的组成部分，也成为施工索赔的基本依据。

3）施工协议书及其附属文件。在签订施工协议书以前合同双方关于中标价格、施工计划合同条件等问题的讨论纪要文件中，如果对招标文件中的某个合同条款作了修改或解释，则这个纪要就是将来索赔计价的依据。

4）工程图纸。工程师和业主签发的各种图纸，包括施工图、竣工图及其相应的修改图，应注意检查和妥善保存。对设计变更一类的索赔，原施工图和修改图的差异是索赔最有力的证据。

5）来往信件，如工程师（或业主）的工程变更指令、口头变更确认函、加速施工指令、施工单价变更通知、对承包人问题的书面回答等，这些信函（包括电传、传真资料）都具有与合同文件同等的效力，是索赔的依据资料。

6）会议记录，如投标前会议纪要、施工协调会议纪要、施工进度变更会议纪要、施工技术讨论会议纪要、索赔会议纪要等。

7）施工现场记录，主要包括施工日志、施工检查记录、工时记录、质量检查记录、设备或材料使用记录、施工进度记录或者工程照片、录像等等。

8）工程财务记录，如工程进度款每月支付申请表，工人劳动计时卡和工资单，设备、材料和零配件采购单，付款收据，工程开支月报等等。在索赔计价工作中，财务单据十分重要。

9）现场气象记录，许多的工期拖延索赔与气象条件有关。施工现场应注意记录和收集气象资料，如气温、风力、湿度、降水量等等。

10）工程所在国家的政策法令文件，如货币汇兑限制指令、调整工资的决定、税收变更指令、工程仲裁规则等等。

（3）提交索赔报告，索赔报告是指发出索赔意向通知后28天内，承包人向工程师提出补偿经济损失和延长工期的正式书面报告。索赔报告的水平和质量直接关系到索赔的成败。承包人应十分重视索赔报告书的编写工作，使自己的索赔报告书具有说服力，逻辑性强，符合实际，论述准确，使阅读者感到合情合理，有根有据，使正当的索赔要求得到妥善解决。索赔报告通常包括以下三个方面：

1）说明信。简要说明索赔的事件、理由和要求，说明随函所附的索赔报告正文及证明材料情况等。

2）索赔报告正文。

①题目，简要说明是针对什么提出的索赔。

②索赔事件陈述，叙述事件的起因，事情经过，事件过程中双方的活动，事件的结果，重点叙述索赔方按合同所采取的措施，对方不符合合同的行为。

③理由，总结索赔事件，同时引用合同条文或合同变更和补偿协议条文，证明对方行为违反合同规定或对方的要求超出合同规定，造成了该事项，有责任对此事件造成的损失给予赔偿。

④影响，简要说明事件对承包人的影响，并且这些影响与上述事项有直接的因果关系。重点围绕由于上述事件原因造成的成本增长和工期延长。

⑤结论，对上述事项的索赔问题作出总结，提出具体索赔要求。

3）附件，包括该报告所列举事实、理由、影响的证明文件和各种计算基础、计算依据的文件。

索赔报告的编写要求：

①索赔事件应该真实。

②责任分析应该清楚、准确、有根据。

③充分论证索赔事件给承包人造成的实际损失。

索赔报告中应强调由于事件的不可预见性和突发性，使承包人在实施工程中所受到干扰的严重程度，以致工期拖延，费用增加；并充分论证事件影响与实际损失之间的直接因果关系。还应说明施工单位为了减轻事件影响和损失已尽了最大的努力，采取了能够采取的措施。

④索赔计算必须合理、正确。

⑤文字要精炼、条理要清楚、语气要中肯。

（4）评审索赔报告

工程师评审承包人的索赔报告。工程师在收到承包人送交的索赔报告和有关资料后，于28天内给予答复，或要求承包人进一步补充索赔理由和证据。接到承包人的索赔信件后，工程师应该立即研究承包人的索赔资料，在不确认责任属谁的情况下，依据自己的同期记录资料客观分析事故发生的原因，依据有关合同条款，研究承包人提出的索赔证据。必要时还可以要求承包人进一步提交补充资料，包括索赔的更详细说明材料或索赔计算的依据。工程师在28天内未予答复或未对承包人作进一步要求，视为该项索赔已经认可。

（5）索赔解决

工程师与承包人双方各自依据对这一事件的处理方案进行友好协商。如果双方对该事件的责任、索赔金额或工期拖延天数分歧较大，通过谈判达不成共识，工程师有权确定一个他认为合理的单价为最终的处理意见报送业主并相应通知承包人。

发包人审批工程师的索赔处理意见。发包人根据事件发生的原因、责任范围、合同条款审核承包人的索赔

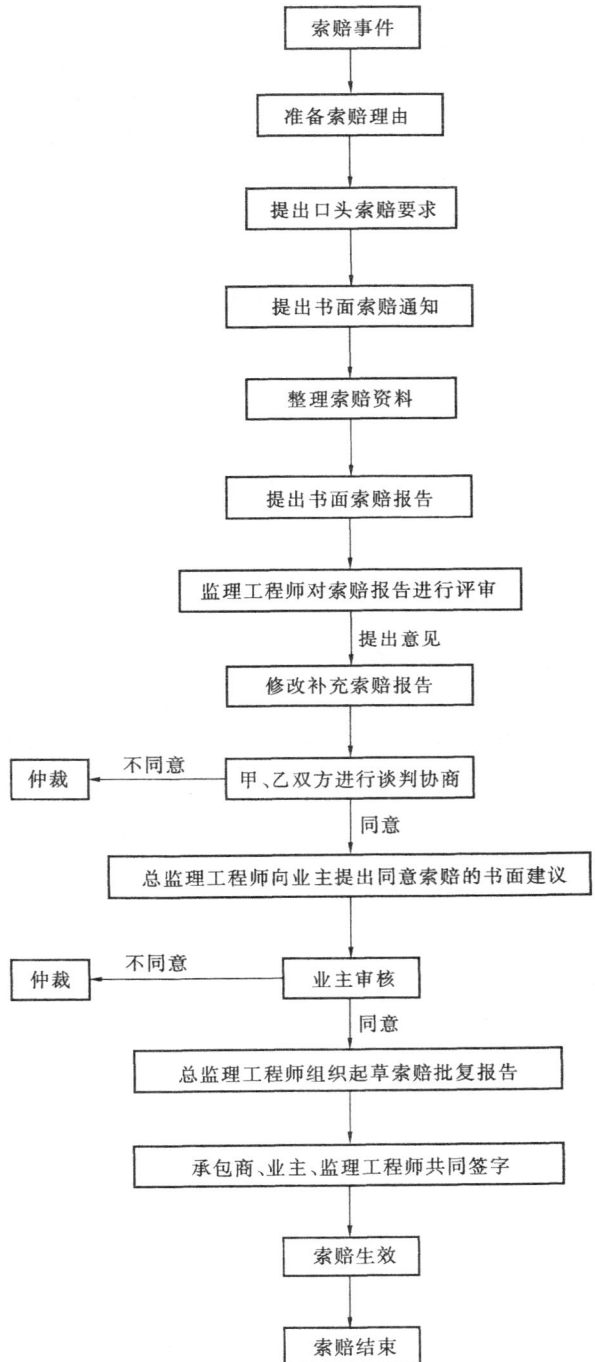

图 10-1　索赔程序图

申请和工程师的处理报告，决定是否批准工程师的索赔报告。

承包人同意了最终的索赔决定，则索赔事件宣告结束。若承包人不接受工程师的单方面决定或业主删减的索赔金额或工期延长天数，就会导致合同纠纷，产生争执。我国解决索赔争执的方法通常有：

1）协商解决：合同双方通过共同商讨，按照合同规定，互相作出让步，使争执得到解决。

2）调解：如果双方通过协商未能达成一致，任何一方均有权向合同管理机关申请调解。调解通常有行政调解和司法调解两种形式。

3）仲裁：仲裁是仲裁委员会对合同争执所作的裁决。仲裁解决的前提是争执双方当事人之间要有仲裁协议。

4）法院判决：任何一方提出诉讼，法院进行司法调解不成，则由法院进行判决。

承包人未能按合同约定履行自己的各项义务和发生错误给发包人造成损失的，发包人也可按上述时限向承包人提出反索赔。

具体的索赔程序如图 10-1 所示。

课题 3   装饰装修工程项目反索赔

3.1   装饰装修工程项目及索赔

3.1.1   反索赔的概念

反索赔是指业主对承包商提出的索赔。由于承包商不履行或完全履行约定的义务，或者由于承包商的行为使业主受到损失时，业主为了维护自己的利益，向承包商提出的索赔。反索赔是被要求索赔一方向要求索赔一方提出反驳或新索赔要求，是变被动为主动的措施。

3.1.2   反索赔的内容

（1）对承包商履约中违约责任的反索赔

1）工期延误反索赔

工期延误反索赔是指工期延误属于承包商的责任，影响到业主对该工程的利用，给业主带来经济损失，业主对承包商的索赔，即由承包商支付延期竣工违约金。延期竣工的违约金通常由业主在招标文件中约定。

业主在确定违约金的费率时，一般要考虑以下因素：

①业主的盈利损失；

②由于工期延长而引起的贷款利息增加；

③工程拖期带来的附加监理费；

④由于本工程拖期竣工不能使用，租用其他建筑时的租赁费。

违约金的计算方法在每个合同文件中均有具体规定，一般按每延误一天赔偿一定的款额计算，累计赔偿额一般不应超过合同总额的 10%。

2）施工质量缺陷反索赔

施工质量缺陷反索赔是指承包商的施工质量不符合施工技术规程的要求，或使用的材料不符合合同规定，或在保修期未满以前未完成应该负责补修的工程时，业主有权向承包商追究责任。如果承包商未在规定的期限内完成修补工作，业主有权雇佣他人来完成该项工作，发生的费用由承包商承担。

　　3）对指定分包人的付款索赔

　　对指定分包人的付款索赔是指工程承包商未能提供已向指定分包人付款的合理证明时，业主可以直接按照工程师的证明材料，将承包人未付给指定分包人的所有款项（扣除保留金）付给该分包人，并从应付给承包人的任何款项中如数扣回。

　　4）业主合理终止合同或承包商不正当放弃工程的索赔

　　如果业主合理地终止承包商的承包，或者承包商不正当地放弃工程，则业主有权从承包商手中收回并由新的承包商完成工程所需的工程款与原合同未付部分的差额。

　　(2) 对承包商提出的索赔要求进行评审、反驳与修正

　　审定承包商的该项索赔是否具有索赔权。如果没有索赔权，就应该对索赔要求进行反驳；如果有部分索赔权，就应该按照合同约定，对索赔要求进行修改，主要依据如下：

　　1）此项索赔是否具有合同依据。合同中有明确规定的索赔事项，承包商有权得到合理的费用补偿和工期补偿，否则业主应该拒绝此项索赔。

　　2）索赔报告中引用索赔理由不充分，索赔论据漏洞较多，缺乏说服力，应该否定索赔要求。

　　3）索赔事件的发生是否为承包商的责任。如果是承包商的责任，业主应该反驳，并采取反索赔；如果双方都有一定的责任，应该分清责任，按各自责任的比例承担后果。

　　4）索赔事件发生初期，承包商是否采取了控制措施。根据国际惯例，凡是遇到偶然事故影响工程施工时，承包商有责任采取力所能及的一切措施，防止事态扩大，尽力挽回损失。如确有事实证明承包商在当时未采取任何措施，业主可拒绝承包商要求的损失补偿。

　　5）此项索赔是否属于承包商的风险范畴。在工程承包合同中，业主和承包商都承担着风险。凡属于承包商合同风险的内容，如一般性天旱或多雨，一定范围内的物价上涨等，业主一般不会接受这些索赔要求。

　　(3) 对业主所提出的索赔的反索赔

　　1）工期延误。工期延误的责任首先是业主没有协调好施工场地内各交叉作业施工单位之间的关系，没有保证承包商按合同的约定顺利施工，然后是承包商在这些干扰下延误了工期，承包商有权对业主提出的工期延误索赔进行反索赔。

　　2）施工质量缺陷。由于业主提供的材料、设备的质量不合格，规格尺寸与合同约定有差异，致使施工质量产生缺陷，造成返工，承包商有权对业主提出施工质量缺陷索赔进行反索赔。

　　3）业主终止合同或承包商放弃工程。如果业主单方面终止与承包商的合同，或者业主不按合同的约定在规定的时间内向承包商提供施工图纸并进行现场交底，没有在规定的时间内向承包商提供施工所需的场地并清除影响施工的障碍物，由于业主提供的材料、设备没有在规定的时间到达指定地点以及材料、设备的质量不合格或者规格有差异，业主拖延支付工程款等，使得承包商无法组织正常的施工，停工待料，施工无法进行，迫使承包商不得不放弃工程。承包商有权对业主进行反索赔。

　　3.1.3　反索赔的步骤

　　反索赔与索赔有相似的处理过程，其具体步骤如图10-2所示。

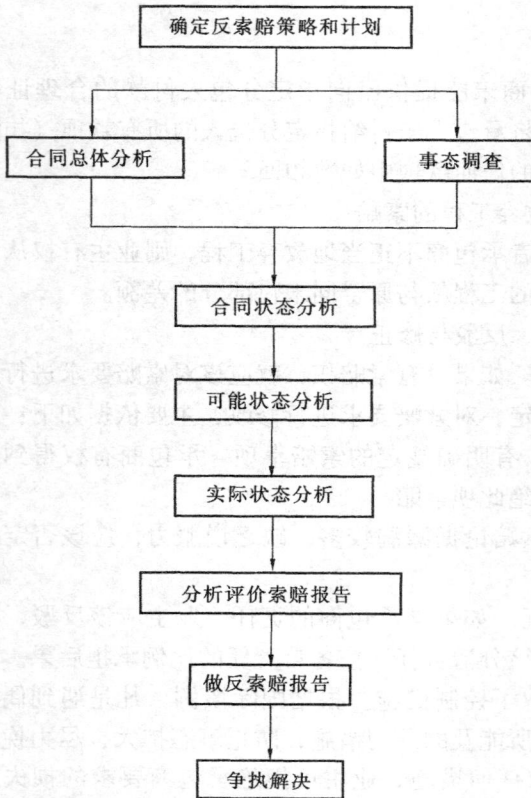

图 10-2　反索赔程序图

（1）合同总体分析

反索赔要以合同作为反驳的理由和根据。合同分析的目的是分析、评价对方索赔要求的理由和依据，在合同中找出对对方不利，对己方有利的合同条文，以构成对对方索赔要求予以否定的理由。合同分析的重点是与对方索赔报告中提出的问题有关的合同条款。

（2）事态调查

反索赔要以事实为依据。这个事实必须有各种实际工程资料作为证据，用以对照索赔报告所描述的事情经过和所附证据。通过调查可以确定干扰事件的起因、事情经过、持续时间、影响范围等真实详细的情况。

（3）三种状态分析

在事态调查和收集、整理工程资料的基础上进行合同状态、可能状态、实际状态分析。

（4）对索赔报告进行全面分析

分析评价索赔报告，分别列出对方索赔报告中的干扰事件、索赔理由，提出我方的反驳理由、证据、处理意见、对策等。

（5）编写并提交反索赔报告

反索赔报告也是正规的法律文件。反索赔报告包括以下内容：

1）合同总体分析简述。

2）合同实施情况简述和评价。

3）反驳对方索赔要求。按具体的干扰事件，逐条反驳对方的索赔要求，详细叙述自己的反索赔理由和证据，全面或部分地否定对方的索赔要求。

4）提出索赔。对经合同分析和三种状态分析得出的对方违约责任，提出我方的索赔要求。

5）总结。

课题 4　费用索赔和工期索赔的计算

4.1　费用索赔和工期索赔的计算

4.1.1　费用索赔的计算

（1）费用索赔的内容

费用索赔的内容一般包括以下几个方面：

1）人工费，包括增加工作内容的人工费、停工损失的人工费、工作效率降低损失的人工费等，但人工费的索赔不能简单地用计时人工费相加来计算。

2）材料费。

3）施工机械费，可采用机械台班费、机械折旧费、设备租赁费等几种形式。

4）保函手续费。工程延期时，保函手续费相应增加，反之，取消部分工程并且业主与承包商达成提前竣工协议时，承包商的保函金额相应折减，则计入合同价内的保函手续费也应扣减。

5）贷款利息。

6）保险费。

7）利润。

8）管理费。此项又可分为现场管理费和公司管理费两部分。

（2）费用索赔的计算

费用索赔的计算方法有实际费用法、修正总费用法等。

1）实际费用法，是按照每一索赔事件所引起损失的费用项目分别分析计算索赔值，然后将各费用项目的索赔值汇总，即可得到总索赔费用值。这种方法以承包商为某项索赔工作所支付的实际开支为依据，但仅限于由于索赔事件引起的、超过原计划的费用。在这种计算方法中，需要注意的是不要遗漏费用项目。

2）修正总费用法，是对总索赔费用的改进。即在总索赔费用计算的原则上，去掉一些不合理的因素，对总索赔费用进行相应的修改和调整，使其更加合理。如将计算费用索赔的时间局限于受到外界影响的时间，只计算受到影响的时间内某项工作所受的损失，与该工作无关的费用不列入总费用等。

4.1.2　工期索赔

（1）工期索赔中应当注意的问题：

1）划清施工进度拖延的责任。因承包人的原因造成的施工进度拖延，属于不可原谅的延期，由承包人负责，不能索赔工期；不是承包人的原因造成的施工进度拖延，属于可原谅的延期，应该进行工期索赔。有时工期延误的原因中可能包含有双方责任，此时工程师应进行详细分析，分清责任比例，只有可原谅的延期才能批准顺延合同工期。可原谅延期，又分为可原谅并给予补偿费用的延期和可原谅但不给予补偿费用的延期。后者是指非承包人责任的影响并未导致施工成本的额外支出，大多属于发包人应承担风险责任事件的影响，如异常恶劣的气候条件影响的停工等。

2）被延误的工作应是处于关键线路上的工作。只有处于关键线路上的工作拖延，才会影响到竣工日期。但也应该注意，既要看被延误的工作是否在关键路线上，又要仔细分析这一延误对后续工作可能的影响。因为对非关键路线上的工作影响时间长了，超过了该工作可以利用的自由时间，也会导致进度计划中非关键路线转化为关键路线，最终影响总工期的拖延。此时，应充分考虑该工作的自由时间，给予相应的工期顺延，并要求承包人修改施工进度计划。

（2）工期索赔的计算

工期索赔的计算主要有网络图分析法和比例计算法两种。

1）网络分析法，是利用进度计划的网络图，分析其关键线路。如果延误的工作为关键工作，则总延误的时间为批准顺延的工期；如果延误的工作为非关键工作，当该工作由于延误超过时差限制而成为关键工作时，可以批准延误时间与时差的差值；若该工作延误后仍为非关键工作，则不存在工期索赔问题。

2）比例计算法。比例计算法的公式为：

当已知部分工程的延期时间时：

工期索赔值 =（受干扰部分工程的合同价÷原合同总价）×受干扰部分工期的拖延时间

当已知部分工程的额外增加的工程量价格时：

工期索赔值 =（额外增加的工程量价格÷原合同总价）×原合同总工期

比例计算法简单方便，但有时不符合实际情况。不适用于变更施工顺序、加速施工、删减工程量等事件的索赔。

实 训 课 题

1. 某统计局将原有办公楼重新进行装修，该工程项目采用了包工包料的固定价格合同。工程招标文件参考资料中提供的供应砂子地点距离工地 8km。但是工程开工后，经检查确认该砂子的质量不符合要求，承包商只得从另一个供应砂子地点采购，该供应砂子地点距离工地 28km。在某个关键工作面上又发生了几种原因造成临时停工：6 月 20 日至 6 月 26 日承包商的施工设备出现了从未出现过的故障；应于 6 月 24 日交给承包商的后续施工图直到 7 月 10 日才交给承包商；7 月 7 日到 7 月 12 日施工现场下了一场罕见的特大暴雨，造成了 7 月 11 日到 7 月 14 日的该地区的供电全面中断。

问题：

（1）承包商的索赔要求成立的条件是什么？

（2）由于供应砂子地点距离的增加，必然引起费用的增加。承包商经过仔细认真计算后，在工程开工后的第 3 天，向业主的造价工程师提交了将原砂子单价每吨提高 5 元人民币的索赔要求。该承包商的索赔要求能批准吗？为什么？

（3）由于几种情况的暂时停工，承包商在 7 月 25 日向业主的造价工程师提出延长工期 26 天，成本损失费人民币 2 万元/天（此费率已经造价工程师核准）和利润损失费人民币 2 万元/天的索赔要求，共计索赔款 57.2 万元。作为一名造价工程师你批准工期索赔多少天？费用索赔多少万元？

（4）你认为应该在业主支付给承包商的工程进度款中扣除因设备故障引起的竣工拖期违约损失赔偿金吗？为什么？

2. 某装饰装修工程项目业主与承包商签订了施工合同。按施工合同规定：钢材、木材、水泥由业主供货到现场仓库，其他材料由承包商自行采购。当工程施工到第二层的挂贴花岗石墙面的钢筋骨架绑扎时，因业主提供的钢筋未到，使该项作业从 11 月 3 日至 11 月 16 停工（该项作业的总时差为零）；11 月 7 日至 11 月 9 日因停电、停水使第三层楼的楼面水泥砂浆找平层停工（该项作业的总时差为 4 天）；11 月 14 日至 11 月 17 日因砂浆搅拌机发生故障使第四层抹灰迟开工（该项作业的总时差为 4 天）。因此承包商于 11 月 20

日向工程师提交了一份索赔意向书，并于11月25日送交了一份工期索赔、费用索赔计算书和索赔依据的详细材料。其计算书如下：

（1）工期索赔：

①挂贴花岗石墙面的钢筋骨架绑扎　　11月3日至11月16日停工，　　　计14天

②楼面水泥砂浆找平层　　　　　　　11月7日至11月9日停工，　　　　计3天

③抹灰　　　　　　　　　　　　　　11月14日至11月17日迟开工，　计4天

工期索赔合计：　　　　　　　　　　　　　　　　　　　　　　　　　21天

（2）费用索赔：

①窝工机械设备费：

一台塔吊　　　　　　　　　　　14×234＝3276元

一台砂浆搅拌机　　　　　　　　7×24＝168元

小计：　　　　　　　　　　　　3444元

②窝工人工费：

挂贴花岗石墙面的钢筋骨架绑扎　　　12人×20.15×14＝3385.2元

楼面水泥砂浆找层　　　　　　　　　30人×20.15×3＝1813.50元

抹灰　　　　　　　　　　　　　　　35人×20.15×4＝2821元

小计：　　　　　　　　　　　　8019.7元

③管理费增加　　　　（3444＋8019.7）×15%＝1719.56元

④利润损失　　　（3444＋8019.7＋1719.56）×5%＝659.16元

费用索赔合计：　　　　　　　　　　　　13842.42元

问题：

（1）承包商提出的工期索赔是否正确？应予批准的工期索赔为多少天？

（2）假定经双方协商一致，窝工机械设备费索赔按台班单价的65%计，考虑合理安排窝工人工，让他们从事其他作业后的降效损失，窝工人工费索赔按每工日10元计算，管理费、利润损失不予补偿，试确定费用索赔。

思 考 题 与 习 题

1. 什么是装饰装修工程项目索赔和反索赔？

2. 索赔和反索赔的内容有哪些？

3. 索赔和反索赔的程序是怎样的？

单元 11　装饰装修工程项目建设监理

知 识 点：监理、监理的性质、监理的依据和内容、建设监理的具体实施等。

教学目标：通过学习本单元，了解政府监理与社会监理的区别，结合工程项目实际，运用所学的监理理论，处理好监理单位与项目业主、施工单位等的关系，满足工程建设的需要。

课题 1　装饰装修工程项目监理概述

1.1　装饰装修工程项目监理概述

1.1.1　装饰装修工程项目建设监理的概念

（1）监理的概念

"监理"是"监"与"理"的组合。"监"是监督的意思，是对某种行为或行为过程进行观察或检查，使其不逾越预先设定的标准或准则。"理"是调理、理顺的意思，是对行为或行为过程中参与的对象进行协调，以使参与者有良好的协作，并理顺参与者的权益关系。因此，监理是指有关执行者根据一定的行为准则，对某些行为进行监督管理，使这些行为符合准则要求，并协助行为主体实现其行为目的。

监理活动的实现，需要具备的基本条件是：应当有明确的监理"执行者"，也就是必须有监理的组织；应当有明确的行为"准则"，它是监理的工作依据；应当有明确的被监理"行为"和被监理的"行为主体"，它是监理的对象；应当有明确的监理目的和行之有效的思想、理论、方法和手段。

（2）装饰装修工程项目建设监理的概念

装饰装修工程项目建设监理是指装饰装修工程项目建设监理的执行者接受业主的委托和授权，根据国家批准的装饰装修工程项目建设文件，有关装饰装修工程建设的法律、法规和装饰装修工程项目建设监理合同以及其他工程建设合同所进行的旨在实现项目投资目的的微观监督管理活动。

装饰装修工程项目建设监理包括两个方面，即政府监理和社会监理。政府监理是指政府建设主管部门对参与工程建设的业主、承包商、监理等单位实行的监督管理。政府监督是强制性的，主要在建设工程的实施阶段，它通常只对重点项目进行监督，目前主要采取事后控制的方式。社会监理才是我们通常意义上讲的监理，是指经过政府有关部门认证、取得资格的社会监理单位受业主的委托，对工程建设实施的监理。社会监理是委托性的。监理工程师行使委托合同中赋予的职权，采取事前、事中、事后全面控制的方法，具体监督检查装饰装修工程项目合同的实施。

1.1.2　装饰装修工程项目建设监理的性质

（1）服务性

监理单位既不需要拥有大量的机具、设备和劳务力量，一般也不必拥有雄厚的注册资金。它只是在工程项目建设过程中，利用自己的工程建设方面的知识、技能和经验为客户提供高智能监督管理服务，以满足项目业主对项目管理的需要。它所获得的报酬也是技术服务性的报酬，是脑力劳动的报酬。

（2）独立性

从事工程建设监理活动的监理单位是直接参与工程项目建设的"三方当事人"之一。它与项目法人（业主）之间是委托与被委托的合同关系；与被监理单位是监理与被监理的关系。在工程项目建设中，监理单位是独立的一方。我国的有关法规明确指出，监理单位应按照公平、独立、自主的原则开展工程建设监理工作。因此，监理单位在履行监理合同义务和开展监理活动的过程中，要建立自己的组织，要确定自己的工作准则，要运用自己掌握的方法和手段，根据自己的判断，独立地开展工作。监理单位既要认真、勤奋、竭诚地为委托方服务，协助业主实现预定目标，也要按照公正、独立、自主的原则开展工程建设监理工作。

（3）公正性

监理单位和监理工程师在工程建设过程中，一方面应当作为既能够严格履行监理合同各项义务，又能够竭诚地为客户服务的"服务方"，同时，也应当成为"第三方"。也就是在提供监理服务的过程中，监理单位和监理工程师应当排除各种干扰，以公正的态度对待委托方和被监理方。特别是当业主与被监理方发生利益冲突或矛盾时能够以事实为依据，以有关法律、法规和双方所签订的工程建设合同为准绳，站在第三方立场上公正地加以解决和处理，做到"公正地证明、决定或行使自己的处理权。"

（4）科学性

工程建设监理的科学性是由其任务决定的。工程建设监理以协助业主实现其投资目的为己任，力求在预定的投资、进度、质量目标内建成工程项目。而当今工程规模日趋庞大，功能、标准要求越来越高，新技术、新工艺、新材料不断涌现，参加组织和建设的单位越来越多，市场竞争日益激烈，风险逐渐增强，所以，只有不断地采用新的更加科学的思想、理论、方法、手段才能驾驭工程项目建设。

1.1.3　装饰装修工程项目建设监理的特点

（1）装饰装修工程项目建设监理是针对装饰装修工程项目建设所实施的监督管理活动

无论建设单位（项目业主）、设计单位、施工单位、材料设备供应单位，还是监理单位，它们的工程建设行为载体都是工程项目。离开工程项目，它们的行为就不属于工程建设监理的范围。装饰装修工程项目建设监理活动都是围绕装饰装修工程项目来进行的，并应以此来界定装饰装修工程项目建设监理范围。

（2）装饰装修工程项目建设监理的行为主体是装饰装修工程项目监理单位

装饰装修工程项目建设监理的行为主体是明确的，即装饰装修工程项目监理单位。监理单位是具有独立性、社会化、专业化特点的专门从事工程建设监理和其他技术服务活动的组织。只有监理单位才能按照独立、自主的原则，以"公正的第三方"的身份开展工程建设监理活动。非监理单位所进行的监督管理活动一律不能称为工程建设监理。例如，政府有关部门所实施的监督管理活动就不属于工程建设监理范畴；建设单位（项目业主）进行的所谓"自行监理"，以及不具备监理单位资格的其他单位所进行的所谓"监理"都不能纳入工程建设监理范畴。

（3）装饰装修工程项目建设监理的实施需要项目业主委托和授权

装饰装修工程项目建设监理的产生源于市场经济条件下社会的需求，始于业主的委托和授权，而装饰装修工程项目建设监理发展成为一项制度，也是基于这样的客观实际。通过项目业主委托和授权方式来实施装饰装修工程项目建设监理是社会监理与政府行政性监督管理的重要区别。这种方式也决定了在实施装饰装修工程建设监理的项目中，业主与监理单位的关系是委托与被委托关系，授权与被授权关系；决定了他们是合同关系，是需求和供给关系，是一种委托与服务的关系。这种委托和授权方式说明，在实施装饰装修工程项目建设监理的过程中，监理工程师的权力主要是由作为建设项目管理主体的业主通过授权而转移过来的。在装饰装修工程项目建设过程中，项目业主始终是以建设项目管理主体的身份掌握着装饰装修工程项目建设的决策权，并承担着主要风险。

（4）装饰装修工程项目建设监理是有明确依据的工程建设行为

装饰装修工程项目建设监理是严格地按照有关法律、法规和其他有关准则实施的。装饰装修工程项目建设监理的依据是国家批准的工程项目建设文件、有关工程建设的法律和法规（不限于此）、装饰装修工程项目建设监理合同和其他工程建设合同。

（5）装饰装修工程项目建设监理主要发生在项目建设的实施阶段

装饰装修工程项目建设监理活动主要出现在装饰装修工程项目建设的设计阶段（含设计准备）、招标阶段、施工阶段以及竣工验收和保修阶段。当然，在装饰装修工程项目建设实施阶段，监理单位的服务活动是否是监理活动还要看业主是否授予监理单位监督管理权。之所以这样界定，主要是因为装饰装修工程项目建设监理是"第三方"的监督管理行为。它的发生不仅要有委托方，需要与装饰装修工程项目业主建立委托与服务关系，而且要有被监理方，需要与只在项目实施阶段才出现的设计、施工和材料设备供应单位等承建商建立监理与被监理关系。同时，装饰装修工程项目建设监理的目的是协助装饰装修工程项目业主在预定的投资、进度、质量目标内建成装饰装修工程项目，它的主要内容是进行投资、进度、质量控制、合同管理、组织协调，这些活动也主要发生在项目建设的实施阶段。

（6）装饰装修工程项目建设监理是微观性质的监督管理活动

装饰装修工程项目建设监理活动是针对一个具体的装饰装修工程项目展开的。装饰装修工程项目业主委托监理的目的就是期望项目监理单位能够协助他实现装饰装修工程项目的投资目的。它是紧紧围绕着装饰装修工程项目建设的各项投资活动和生产活动所进行的监督管理，注重具体装饰装修工程项目的实际效益。当然，根据建设监理制的宗旨，在开展这些活动的过程中应体现出维护社会公众利益和国家利益。

1.1.4 装饰装修工程项目建设监理的作用

装饰装修工程项目建设监理是装饰装修工程项目建设必不可少的保证，是对装饰装修工程项目全过程实施监督管理。它属于第三方，介于项目业主与承包单位之间，由项目业主招标聘请。它代表装饰装修工程项目业主对施工图纸、施工单位的工程预算、工程合同以及施工过程中的每一道工序、工艺、材料、价格、工程量和工期等实施全面监督管理，从而最大程度地避免了由于施工图纸的疏忽或变更、工程预算的水分或漏项、工程合同的责任不清以及工程质量和工期延误等原因所带来的纠纷，保证了装饰装修工程项目的工程质量。

课题2 装饰装修工程项目建设监理的依据和内容

2.1 装饰装修工程项目建设监理的依据和内容

2.1.1 装饰装修工程项目建设监理的依据

按照我国工程建设监理的有关规定，工程建设监理的依据是国家批准的工程项目建设文件、有关工程建设的法律、法规和工程建设监理合同及其他工程建设合同。

（1）法律，主要是指与工程建设活动有关的法律。如《中华人民共和国建筑法》、《合同法》、《中华人民共和国招标投标法》等。

（2）法规，主要包括：

1）国务院制定的行政法规，如《建设工程质量管理条例》等；

2）省级人大及常委会、省所在市人大及常委会，国务院批准的计划单列市人大及常委会制定的地方性法规。

（3）国家批准的工程项目建设文件，主要包括建设计划、规划、设计文件等。这既是政府有关部门对工程建设进行审查、控制的结果，是一种许可，也是工程实施的依据。

（4）依法签定的工程建设合同，是工程建设监理工作具体控制工程投资、质量、进度的主要依据。监理工程师以此为尺度严格监理，并努力达到工程实施的依据。监理单位必须依据监理委托合同中的授权行事。

2.1.2 装饰装修工程项目建设监理的主要内容

（1）装饰装修工程项目招投标阶段监理的主要内容

1）选择分析工程项目施工招标方案，根据工程的实际情况确定招标方式；

2）准备施工招标文件，向主管部门办理招标申请；

3）参与编写施工招标文件；

4）编制标底，经业主认可后，报送所在地方建设主管部门审核；

5）发放招标文件，进行施工招标，组织现场勘查与答疑会，回答投标者提出的问题；

6）协助项目业主组织开标、评标和决标工作；

7）协助项目业主与中标单位签订承包合同；

8）审查承包单位编写的施工组织设计、施工技术方案和施工进度计划，提出改进意见；

9）审查和确认承包单位选择的分包单位；

10）协助项目业主与承包单位编写开工报告，进行开工准备。

（2）装饰装修工程项目设计阶段监理的主要内容

1）协调各设计单位或各专业间的关系，定期召开协调会。

2）设计进度控制。

①与设计单位商定出图计划；

②检查设计力量是否有切实的保证；

③进行各专业间的进度协调。

3）设计成本控制。

①按专业或分项工程确定投资分配比例，以便控制总投资；

②进行造价估算；

③审查概算并进行比较；

④签发支付设计费通知。

4）设计质量控制。

①分析检验各专业之间设计成果的配套情况；

②从建筑形体、装饰效果、设备选型、施工组织等方面综合评价所采用的设计成果；

③检查图纸质量；

④审查各阶段设计文件。

5）设计合同履行。

①检查设计成果是否能满足设计任务的要求；

②检查设计深度能否能满足设计任务的要求；

③检查设计质量是否能满足设计任务的要求；

④检查设计进度能否能满足设计任务的要求；

6）设计变更管理

①审查设计变更的必要性及其在费用、时间、质量、技术等方面的可行性；

②审查设计变更所需要的设计费用。

(3) 装饰装修工程项目材料供应的监理内容

1）协助项目业主制定材料物资供应计划和相应的资金需求计划；

2）通过质量、价格、供货时间、售后服务等条件的分析比较，协助项目业主确定材料设备等物资的供应厂家；

3）协助项目业主拟订并商签材料物资的订货合同；

4）监督合同的实施，确保材料物资的及时供应。

(4) 装饰装修工程项目施工阶段监理的主要内容

1）督促检查承包单位严格依照工程承包合同和工程技术标准的要求进行施工；

2）检查进场的材料、构件和设备的质量，验看有关质量证明和质量保证书等文件；

3）检查工程进度和施工质量，验收分部分项工程，并根据工程计量情况签署工程付款凭证；

4）确认工程延期的客观事实，作出延期批准；

5）协调项目业主和承包单位间的合同争议，对有关的费用索赔进行取证和确认；

6）督促整理合同文件和技术资料档案；

7）组织设计与承包单位进行工程竣工初步验收，提出竣工验收报告；

8）审查工程决算。

(5) 装饰装修工程项目保修阶段监理的主要内容

1）定期对工程回访，检查工程质量，确定缺陷责任，督促维修；

2）负责保修阶段中项目业主与施工单位纠纷的协调工作和质量保证金的结算工作；

3）保修期结束时的检查；

4）协助项目业主与承包单位办理合同终止手续。

课题3 装饰装修工程项目建设监理的具体实施

3.1 装饰装修工程项目建设监理的具体实施

3.1.1 装饰装修工程项目建设监理的任务

装饰装修工程项目建设监理的中心任务就是帮助项目业主实现装饰装修工程项目建设的目标，也就是要确保装饰装修工程项目在合同的约束下，实现装饰装修工程项目的投资、进度和质量目标。

（1）合同管理

合同管理是进行投资控制、进度控制和质量控制的手段。因为合同是监理单位站在公正立场采取各种控制、协调与监督措施，履行纠纷调解职责的依据，也是实施三大目标控制（投资控制、进度控制、质量控制）的出发点和归宿。

（2）投资控制

装饰装修工程项目建设监理单位投资控制的任务主要是在装饰装修工程项目建设前期进行可行性研究，协助项目业主正确地进行投资决策，控制好估计投资总额；在设计阶段对设计方案、设计标准、总概算和概预算进行审查；在建设准备阶段协助项目业主确定合同标底和合同造价；在实施阶段审核设计变更，核实已完工作量，进行工程进度款签证和控制索赔；在工程竣工阶段审核工程结算。

（3）工期控制

装饰装修工程项目建设监理单位工期控制的主要任务是在装饰装修工程项目建设前期通过周密分析确定合理的工期目标，并纳入承包合同；在装饰装修工程项目具体实施期间通过运筹学、网络计划技术等科学手段审查、修改施工组织设计和进度计划，并在计划实施中紧密跟踪，排除干扰，做好协调与监督，使工期目标逐步实现，最终保证装饰装修工程项目建设总工期的实现。

（4）质量控制

装饰装修工程项目建设监理单位的质量控制要贯穿于装饰装修工程项目实施的全过程中，主要包括组织设计方案竞赛与评比，进行设计方案磋商与图纸审核，控制设计变更；通过审查承包单位的资质，检查材料、构配件及设备的质量，审查施工组织设计等进行质量预控；通过重要技术复核、工序操作检查、隐蔽工程验收和工序成果检查验证来监督标准和规范的贯彻执行情况；通过阶段验收和竣工验收把好质量关等。

3.1.2 装饰装修工程项目建设监理的程序

监理程序的规范化、标准化，可以保证监理工作有序地进行，从而有利于提高监理工作水平，保证装饰装修工程项目建设监理的工作质量。装饰装修工程项目建设监理的一般程序是：

（1）装饰装修工程项目业主选择监理单位；

（2）装饰装修工程项目业主提供有关的资料；

（3）装饰装修工程项目建设监理单位编制监理规划大纲；

（4）装饰装修工程项目建设监理单位与项目业主拟定合同细节；

（5）双方正式签订监理委托合同；

（6）装饰装修工程项目建设监理单位确定总监理工程师，成立监理组织；

（7）装饰装修工程项目业主将有关监理的情况通告被监理单位；

（8）装饰装修工程项目建设监理单位编制监理规划；

（9）装饰装修工程项目建设监理单位按照进度计划，分专业编制监理细则；

（10）监理单位根据装饰装修工程项目建设监理细则，规范化开展监理工作；

（11）装饰装修工程项目建设监理单位参与项目验收，签署监理意见；

（12）监理单位向项目业主提交装饰装修工程项目建设监理档案资料；

（13）装饰装修工程项目建设监理单位与项目业主商谈合同结束事宜；

（14）双方签订协议终止监理委托合同；

（15）装饰装修工程项目建设监理单位进行监理总结。

3.1.3 装饰装修工程项目建设监理规划

（1）监理规划的编制应针对项目的实际情况，明确监理机构的工作目标，确定具体的监理工作制度、程序、方法和措施，并应具有可操作性。

（2）监理规划编制的程序与依据应符合下列规定：

1）监理规划应在签订监理委托合同及收到设计文件后开始编制，完成后必须经监理单位技术负责人审核批准，并应在召开第一次工地会议前报送建设单位（项目业主）。

2）监理规划应由总监理工程师主持、专业监理工程师参加编制。

3）编制监理规划应依据：

①建设工程的相关法律、法规及项目审批文件；

②与建设工程项目有相关的标准、设计文件、技术资料；

③监理大纲、委托监理合同文件以及与建设工程项目相关的合同文件。

（3）监理规划应包以下主要内容：

1）工程项目概况；

2）监理工作范围；

3）监理工作内容；

4）监理工作目标；

5）监理工作依据；

6）项目监理机构的组织形式；

7）项目监理机构的人员配备计划；

8）项目监理机构的人员岗位职责；

9）监理工作程序；

10）监理工作方法及措施；

11）监理工作制度；

12）监理设施。

（4）在监理工作实施过程中，如实际情况或条件发生重大变化而需要调整监理规划时，应由总监理工程师组织专业监理工程师研究修改，按原报审程序经过批准后报建设单位（项目业主）。

3.1.4 装饰装修工程项目建设监理实施细则

（1）对中型及以上或专业性较强的工程项目，项目监理机构应编制监理实施细则。监理实施细则应符合监理规划的要求，并应结合工程项目的专业特点做到详细具体、具有可操作性。

（2）监理实施细则的编制程序与依据应符合下列规定：

1）监理实施细则应在相应工程施工开工前编制完成，并必须经总监理工程师批准；

2）监理实施细则应由专业监理工程师编制；

3）编制监理实施细则的依据：

①已批准的监理规划；

②与专业工程相关的标准、设计文件和技术资料；

③施工组织设计。

（3）监理实施细则应包括下列主要内容：

1）专业工程的特点；

2）监理工作的流程；

3）监理工作的控制要点及目标值；

4）监理工作的方法及措施。

（4）在监理工作实施过程中，监理实施细则应根据实际情况进行补充、修改和完善。

实 训 课 题

1. 请学员到工地实习，看看建设监理公司是如何开展实际工作的？如何制定各专业监理实施细则？如何进行监理工作总结？

2. 某装饰施工企业承接了某市统计局办公楼二次装饰工程，为了能够春节前完成装饰装修工程，未经监理人员同意擅自修改地面工程施工工艺。监理工程师发现后，要求施工单位采取措施确保工程质量。但最终由于存在严重质量问题已对工程的安全功能产生隐患，必须拆除，重新施工。经估算，直接经济损失将达到 8 万元以上。由于这次质量事故，某市统计局不得不延误一个月才能投入使用，要求施工企业赔偿损失，支付违约金。

[问题]

（1）工程质量事故分为哪几类？本工程质量事故直接经济损失为多少？质量事故属于哪一类？

（2）请列出监理工程师处理质量事故的依据？

（3）工程质量事故处理方案有哪几类？

（4）如果建设方向施工方提出索赔，监理工程师应该做些什么工作？

（5）请阐述质量事故处理中监理应做哪些工作？

思 考 题 与 习 题

1. 什么是监理？什么是装饰装修工程项目建设监理？

2. 装饰装修工程项目建设监理的性质有哪些？

3. 装饰装修工程项目建设监理的特点是什么？
4. 装饰装修工程项目建设监理的作用是什么？
5. 装饰装修工程项目建设监理的依据是什么？
6. 装饰装修工程项目建设监理的主要内容有哪些？
7. 装饰装修工程项目施工阶段监理的主要内容有哪些？
8. 装饰装修工程项目保修阶段监理的主要内容有哪些？
9. 装饰装修工程项目建设监理的任务是什么？
10. 装饰装修工程项目建设监理的程序有哪些内容？
11. 装饰装修工程项目建设监理规划的主要内容有哪些？
12. 装饰装修工程项目建设监理实施细则应包括哪些主要内容？

参 考 文 献

1 全国监理工程师培训教材编写委员会. 工程建设监理概论. 北京：中国建筑工业出版社，1997
2 全国建筑业企业项目经理培训教材编写委员会. 施工项目质量与安全管理（修订版）. 北京：中国建筑工业出版社，2001
3 苏振民编著. 工程建设监理百问. 北京：中国建筑工业出版社，2001
4 徐伟，金福安，陈东杰主编. 建设工程监理规范实施手册. 北京：中国建筑工业出版社，2001
5 庄文华，龚花强主编. 住宅装修工程施工质量控制与验收手册. 北京：中国建筑工业出版社，2001
6 陈恒超主编. 装饰装修工程项目管理. 北京：中国建材工业出版社，2002
7 俞宾辉编. 建筑土建工程施工质量验收实用手册. 济南：山东科学技术出版社，2003
8 徐延凯主编. 建筑装饰装修工程施工质量与安全管理. 北京：中国建筑工业出版社，2003
9 桑培东主编. 建筑工程项目管理. 北京：中国电力出版社，2004
10 危道军，刘志强主编. 工程项目管理. 武汉：武汉理工大学出版社，2004
11 卜振华主编. 项目管理模式与组织. 北京：中国建筑工业出版社，2003
12 梁世连主编. 工程项目管理. 北京：中国建材工业出版社，2004
13 全国造价工程师执业资格考试培训教材编审委员会. 工程造价的确定与控制. 北京：中国计划出版社，2001
14 沈坚主编. 工程造价案例分析. 北京：机械工业出版社，2004